JIAOPU WENXIN

FUSHANG XIAOYUAN WENHUA DUBEN

教圃文心

——福商校园文化读本

□主编 林 彬

重庆大学出版社

内容提要

文化凝聚力量，文化彰显未来。享有"百年学府，闽商摇篮"盛誉的福建商业高等专科学校自觉将文化视野纳入贵安新校区建设，以高度的"历史自觉"精心打造35处文化场馆和文化景观。本书作为校园文化读本，经顶层谋篇设计，再经由商专数十位教师殚精而为文化解读，篇篇文章、幅幅画作、张张摄影，共同汇集构成了本书的格局，一场馆，一题记；一解文，一画作；一照片，一感悟；图文并茂，赏心悦目，足以让每一读者、每一"商专人"充分感知百年商专立体多元的独特文化样式和文明文雅形态。

图书在版编目（CIP）数据

教圃文心——福商校园文化读本 / 林彬主编. — 重庆: 重庆大学出版社, 2015.6
ISBN 978-7-5624-8822-4

Ⅰ. ①教… Ⅱ. ①林… Ⅲ. ①福建商业高等专科学校—教育建筑—介绍 Ⅳ. ①TU244.3

中国版本图书馆CIP数据核字（2015）第016763号

教圃文心——福商校园文化读本

主编 林 彬

责任编辑：范 莹　　版式设计：博卷文化
责任校对：谢 芳　　责任印制：赵 晟

*

重庆大学出版社出版发行
出版人：邓晓益
社址：重庆市沙坪坝区大学城西路21号
邮编：401331
电话：（023）88617190 88617185（中小学）
传真：（023）88617186 88617166
网址：http://www.cqup.com.cn
邮箱：fxk@cqup.com.cn（营销中心）
全国新华书店经销
重庆升光电力印务有限公司印刷

*

开本：720×1020 1/16 印张：15.5 字数：295千 插页：8开1页
2015年2月第1版 2015年6月第3次印刷
ISBN 978-7-5624-8822-4 定价：43.00元

编写委员会

编写委员会

筑就"商专样式"的现代职业大学校园文化

◎林 彬

　　人类几千年的文明与文化的发展传承始终与教育相偕而行。从孔儒兴办私学传徒授教到唐宋书院为科举助学直至近代学堂科教合体，无论官学、私学抑或当今大学始终都以授人学问、培养德行的文化存在形式展开教育行为的。而且从先哲孔子起，中国历代的教育思想家俱从文明、文化的高度上将教育所承载的政治、文化作用等分析得入木三分、淋漓尽致，如《大学》篇中讲到"大学之道，在明明德，在亲民，在止于至善。"《礼·中庸》提到"博学之，审问之，慎思之，明辨之，笃行之。"《周易》说道"天行健，君子以自强不息；地势坤，君子以厚德载物。"孔子更是从教育方法上提出了"有教无类""因材施教""诲人不倦""循循善诱"和"学而不思则罔，思而不学则殆""温故而知新"等影响至今的教育文化理念。历数古今大儒和教育思想家的许多治学之道所展现出教育思想的精髓，都深刻表明他们是站在当时文明、文化认同的高度对教育作出阐述和引领，于今仍有着传承借鉴与弘扬创新的意义。

　　中西方现代大学体制确立以来的几百年时间里，也一再证明高等教育是优秀文化传承的重要载体和思想文化创新的重要源泉，而践履这一大学职责的媒介则是大学文化。对大学的"文化认同"，始终强调的是传承文明、追求真理；强调的是崇尚学术、创造知识；强调的是科学民主、兼容并包，这些构成了"学校认同"乃至社会"价值认同"深厚的文明内驱力和文化影响力。毫无疑义，大学文化是学校在办学历程中粹炼的风骨与品格，是学校的根基、血脉和精髓，是办学最重要的精神资源和无形资产，是构成学校办学实力和核心竞争力的重要组成部分。它与人才培养质量、学科建设水平、科技创新能力等可量化的"硬实力"不同，文化建设带给学校的"软实力"，对外表现为一种吸引力和影响力，对内表现为一种精神认同的内生力和原动力。大学文化是大学建设中的重要元素，也是大学育人不可缺少的要本，彰显着大学精神，潜移默化地影响和熏陶着人才的成长。把握大学文化建设的核心，不仅要结合大学的历史传统，汇集大学的特色，提升大学的品位，更重要的是要展现大学文化建设对学生的涵养功能和化育作用。

从福建商专来讲，在百年发展过程中无论是对中专文化形态的塑造、大专文化形态的锤炼，还是而今尝试筑就的现代大学校园文化，既带有一般大学文化建设的共性，又具有自身认识与过程特点的"风骨气度"与"个性风采"，它既是一种历史积淀，更是一个创造培育的过程：从涵养大学文化理念上讲，商专百年来的文化追求和文明积淀，渐次形成了"中西合璧、文明开放"的文化起点，"学以致用、知行合一"的文化基点，"爱国主义、无私奉献"的文化支点，"自强不息、自力更生"的文化动力，"明德诚信、恭敬勤敏"的文化基石，"以人为本、求真务实"的文化基础，"品行教育、历史自觉"的文化源泉，"外塑形象、内强素质"的文化支撑，"幸福教育、大爱精神"的文化内力。从培育大学精神上讲，商专百年来的教育实践和改革创新过程，始终恪守"明德、诚信、勤敏、自强"的校训，坚持"文理并重、文商交融"的学术风格，提倡传统文化"恭、宽、信、敏、惠"内涵的基本做人品德，培养学生"讲究做人、学会做事"的能力，强化"校企合作、实践育人、恭敬躬行"的办学特色，涵育"爱国为民的价值追求，德业并重的培养目标，自由活泼的学术品格，创新开明的开放气度"。从传承创新大学文化上讲，商专百年来始终注重传承明德知礼、经世致用、追求至善的教育传统，当下更是不断将品行教育、历史自觉、幸福教育、大爱精神等教育发展的新理念、新使命融入学校全面发展之中，使当代大学所应具有的"硬实力、软实力、巧实力、隐实力"等校力建设通过大学功能的践履，尤其是通过"传承创新文化"这一独特功能的发挥，能始终将大学理念、精神、文化与时俱进地发扬光大，并将之内化为广大师生的精神品质，形成商专文化的凝聚力和向心力，真正筑造起促进百年商专健康发展的精神大厦。可见，百年来我们正是基于从中专形态文化、大专形态文化的建设再跃升到现代大学"文化传承与创新"自身功能发挥的一系列文化实践与探索，才形成了当下具有自身特点的思考与独特的推进方式方法，进而筑就并形成了这种"商专文化建设样式"的现代职业大学校园文化建设的特色呈现。

一、"商专样式"之文化创设：以践履现代大学"四大功能"为根本，解决"做什么文化"的问题

作为一所现代大学，在践履大学使命过程中应始终把人才培养、科学研究、服务社会和文化传承创新作为己任，在历经沧桑中不断积淀品位独特、格调高雅、内涵深邃的大学文化。福建商专矢志不移地把"文化创设"作为己任，将校园文化建设贯穿到现代大学"四大功能"的践履过程中，较好地解决了"做什么文化"的问题。

1. 人才培养文化：以专业文化为支撑，以学科、学人文化建设为辅助。人才培养文化是培育才能与思想的催生剂，能启迪学生对专业的热爱、对学校的情

怀，使每位学生对学业与专业充满理想与憧憬。为此，一方面，我们致力于以专业文化为抓手建设人才培养文化。专业文化是师生围绕某个专业培养目标的实现而共同遵守的核心价值观和共同的价值取向，它体现专业成员共同的追求和理念，对专业中每一个人的行为形成潜移默化的指导与规范，从而将专业思想变为专业成员的自觉行为。在专业文化建设中，我们设立了"专业撷英"展示馆，从专业价值、学业构成、师资队伍等方面充分展示学校的专业建设水平，引导学生形成对专业学习的认同与认知，同时我们在教学设计中紧紧围绕专业目标，研究专业特点，紧跟社会需求分析行业发展趋势，让所学专业与社会行业衔接；通过注重课堂理论与社会实践的结合，让广大学生亲身感受到专业的学术价值和社会价值，培养学生对专业的敏感性；通过结合专业特点采用多元化教学方法，开发学生开放性思维，接受最新学科的专业训练和辅导；通过建立包括专业素质在内的考核体系，为广大学生未来发展奠定坚实的专业基础。另一方面，我们致力于以学科与学生文化建设为辅助，丰富人才培养文化。学科文化是学科在形成和发展过程中所积累的语言、价值标准、伦理规范、思维与行为方式等的总和。在学科与学生文化建设中，我们通过专业和学科实验室平台和载体的建设，将学科发展历程、学科现状与学生建设互动等汇聚成学科和学生文化内涵建设，使广大教师和学生对学科知识有系统的了解和直观感悟；同时我们通过行业用人标准影响学科育人标准，在学科教育过程中建立学生对专业的文化认同，使之成为学子规划未来职业发展的前提与基础；通过在学科文化建设中借鉴行业价值观念、吸收行业文化精髓，补充丰富专业文化的内涵，使专业文化更具时代性和社会性；通过提高教师的专业品位，提升教师的专业水准，形成对学生深具影响力的教师群体；通过学生文化建设，加强教师的治学态度、敬业精神、专业素质，帮助学生树立专业理想、专业信念、专业追求；通过专业、学科、学生文化建设，秉承大学文化的精髓，培养学生的专业素质、形成专业思维、坚定专业信念、养成专业气质。

2. 科学研究文化：以科研文化为支柱，以校本、学刊文化建设为辅助。大学既传授知识，又发现知识，科学研究进入大学并引领其发展，使大学成为具有活力的生命体。"大学者，研究高深学问也。""大学囊括大典、网罗众家之学府者也。""大学是学术殿堂，研究高深学问、发展和传授知识。"可见，自大学诞生以来就是智慧和知识产生、汇集科学研究力量并向外辐射的重要场所。为此，一方面，我们致力于以校刊文化为抓手建设科研文化。科研文化是对一些现象或问题经过调查、验证、讨论及思维，然后进行推论、分析和综合，进而获得客观事实的过程。在科研文化建设中，我们拟通过设立"校刊文化展示馆"，从科研文化内涵、学术前沿问题、各种高校学报、历年福建商专学报、刊物检索方法、纠正学术不端行为等方面将科研文化与百年商专取得的成果相结合，让广大师生从科研文化中汲取智慧的源泉。同时，通过积极申报国家、省市科研项目，加强重大项目预研培育；通过省公务员局专业技术人员的高级研修项目，参与加强高层次专业技术人才队伍建设、实施专业技术人才知识更新工程而设立的专项培训活动，其中"食品溯源技术""现代企业物流管理"获得省级专业技术人员高级研修示范项目立项；"电子商务教育教学与科研""智能楼宇技术""所得税准则的资产负债表债务法实际应用""酒店服务与管理""中小企业管理人才素质提升"5个项目获得省级专业技术人员高级研修班项目立项；通过中小企业管理应用研究中心、休闲管理应用中心接入经济社会活动。今后我们还应通过深化校刊文化建设，强化校刊、校报的文化内涵与内蕴，使之成为百年商专的学术品牌，提升学校的享誉度与美誉度，并以此为平台，争取在国家级、省部级科研中发挥更大作用。另一方面，我们致力于以校本教材建设为辅助丰富科研文化。校本教材是由学校教师编撰，由本校乃至外校的学生使用的具有专业性、学术性、实践性的教材，它体现教师的学术水平，彰显了学校科研发展的综合实力。福建商专在"校本教材建设基金"的资助下，与重庆大学出版社联合出版百本由本校教师编撰的"校本"教材，内容涉及财务、会计、金融、贸易、外语、新闻等专业，其中三种教材列入教育部"十二五"国家规划教材，广大教师在编写校本教材过程中提升了专业水平与科研能力。今后我们还应继续通过对学术前沿问题或社会生产实际疑难问题的探讨，产生新思想、新观念，形成新概念、新理论，并及时地把这些成果转化为教学内容；通过校本教研，促进不同年龄、不同水平、不同教学特点的教师之间相互交流、相互学习、共同提高，发挥教师的集体智慧，协同解决教育教学、教研、教改过程中遇到的问题；通过校本教材建设固化教学改革、深化教学内涵，提高教学水平和质量，激发学生的求知热情，开阔学生的视野。

3. 服务社会文化：以校企文化为支点，以校地、校际文化建设为辅助。在我国经济社会的快速发展形势下，产业结构的调整和经济增长方式的转变以及科学发展观的全面落实与和谐社会的建设，对大学服务经济社会发展提出了更高的要求。服务区域产业集群发展、探索大学服务层次的多元化和层级化等社会服务文化的建立成为今后我们重要的工作。为此，一方面，我们致力于以校企文化为抓手建设服务社会文化。校企文化指校园文化与企业文化经过交流、碰撞、互动、融合产生的一种新型的、有利于推动高校和企业持续发展的文化模式。为提升校企文化建设的文化涵养，福建商专以"校企文化展示馆"为载体，围绕专业与企业对接、校园文化与社会捐资共建、校际对接办学等方面，通过校企文化合作平台，全方位立体地将校企文化做精做深，让广大师生能够在社会这个更宽、更广的舞台上，发挥更大、更多的作用。当前学校与中兴通讯、网龙公司、新大陆集团、锦江科技有限公司、力恒科技有限公司等大型企业建立了长期友好的合作，众多企业积极参与到我校的校园文化建设中。今后，我们还应进一步通过提供学校的学习环境、教育资源和科研力量等渠道与平台，对企业提供员工培训、产品研发、攻关技术等服务，获得社会和企业的广泛认可，提高服务社会的吸附力；通过广泛探索依托企业建立稳定的校外实训基地，为学生能深入生产第一线锻炼实际工作能力和专业技能、增强岗位意识提供理想场所，也为教师学习先进技术、丰富实践经验、开发研究课题等创造有利条件，让广大师生体验校企合作办学的感召力，提高参与校企文化建设的融合力；通过不断更新专业设置，加强课程体系的建设，适应经济社会发展的新需要，把企业岗位核心能力和技能要求与学校的专业设置、课程设计、课堂教学有机地结合起来，形成具有强大创造力的校企合作文化。另一方面，我们致力于以校地与校际文化建设为辅助，丰富、服务社会文化。校地文化是将地区或地域文化引入校园文化中，实现地区与学校文化相互渗透与融合，对学生的就业观、敬业精神、与不同人群的交流与沟通等方面有着重大的影响。福建商专以校地（校际）文化为平台，与长乐、德化、柘荣、马尾、连江、晋江等地签订了校地合作协议；与福光基金会合作创办"福光工商管理学院"，与中兴新思教育合作创办"福商中兴教育学院"，以成立二级学院的方式形成独特的校地、校际文化。今后，我们还应继续通过深化和拓展与地区产业集群的无缝对接模式，着力打造区域内的商业与服务业等产业的典型校地合作示范区，推进产学研深度合作；通过组建产学研战略联盟，建立合作联动机构，根据不同产业集群的科技需求，集中我校整体优势，进行项目联合攻关，共享人才信息库；通过与不同兄弟院校加强合作，建立资源共享的大学专家咨询团队和行业企业服务中心，发挥高校的服务社会功能与作用。

4. 传承创新文化：以校园文化为支持，以创业、创新文化建设为辅助。文化传承创新伴随大学的成长，是贯穿于大学其他功能互动相生的一条主线，并成为大学的终极目标，是大学的社会责任与历史使命。百年商专，凝聚着几代人的艰辛与努力，形成了厚重的文化底蕴和独特的商专文化，是我们传承、发展、创造现代大学文化的依托之本和动力之源。为此，一方面，我们致力于以校园文化为抓手建设传承创新文化。校园文化是通过长期的历史沉淀、凝聚、发展而形成的，是大学的"文化体"和"文化群"共同的价值判断、价值选择和价值认同的自然结果。在校园文化建设中，福建商专以"场馆"建设与"环境"文化的打造为载体，用具体可感的实物让广大师生感知福商文化、校训文化、廉政文化、幸福文化等多元的校园文化形态，让广大师生在校园文化的濡染下获取视野平台、汲取精神力量。同时，我们还通过对文化资源的开发、对外来文化的引进，结合新的实践和时代的要求，结合精神文化生活的需要积极进行文化创新；通过开发新知识、新技术、新思想、新理论，创造健康的、有生命力的校园文化氛围；通过提炼百年商专独特的办学理念、办学目标、人文精神、优势专业，努力营造丰富多彩、和谐统一、与时俱进的大学文化，培养出不同层次、不同类型、不同风格、各有所长的人才。另一方面，我们致力于以创业与创新文化建设为辅助丰富传承创新文化。创新文化指与创新相关的文化形态，以提升创新能力为目标，通过环境氛围的营造、创新激励机制的建立，实现从观念引导到行动实现的过程。福建商专以建设"福建商专创业园"为平台，引进电信公司、移动公司、联通公司、邮政公司、服装企业等联合打造学生创业孵化基地，让师生在实践中领悟创业的艰辛与创新的激情；通过积极探索将闽商文化与传统文化、职业素养教育渗透在主课堂和专业实训中，有针对性地设计实践技能训练课程，将人文教育和科学教育融合；通过建立实训中心，强化创业与创新文化平台建设，使之在中心功能定位上重点突出"培养创业精神和创新能力""先进文化的传承与创新""提高职业素质和综合能力"等素养教育，形成营造真实职场情境、引入企业考核标准、体现深厚人文素养的特色，传承百年商专"知行合一、格物致知"的文化传统，满足社会对人才的多样化需求，使大学更好发挥"四大功能"作用，真正成为社会的主要服务者和社会变革的重要力量，成为新思想、新文明的策源地、倡导者、推动者和交流中心。

二、"商专样式"之文化创意：以"五个打"为路径，解决"怎么做文化"的问题

大学是一种涵养心智和灵魂的特定文化氛围和环境，是由多种不同元素集合而成的独特的文化现象。福建商专历经百年发展，具有鲜明的文化特征和功能，具有丰富的文化内涵和意义，我们着力"文化创意"的打造，以凸显当代福商文化与众不同的文化素质和丰富多样的文化内涵，形成较具特色的校园文化空间和人文景观，较好地解决了"怎么做文化"的问题。

1.积淀文化"打底"：拓展历史文化、素养文化建设的路径。在漫漫几千年的文明历史中，许多育人的经典流传至今，渗透着给人启迪的教育思想；在现代大学的教育模式中，依靠大学文化建设传承历史，对于丰富大学的教育思想，培养学生继承传统、创新知识、追求真理有着重要作用。为此，百年商专通过文化涵养打造育人平台，使莘莘学子能在文化的涵养与濡染中茁壮成长。一方面，我们注重拓展历史文化建设的路径。历史文化是文明演化而汇集成的一种反映群体特质和风貌的文化，是各种思想文化、观念形态的总体表征。近些年来，我们通过整合提升"校史馆"，挖掘建设"福商物语"馆，将百年福商的办学方位、办学历史、办学特色、未来发展等用"图说物话"的方式进行解读，用重构"福商

物语""福商赋"等"话语体系"重新梳理与诠释校史，不断丰富福商百年文明发展内涵；通过搜集历史文化、挖掘校史文化等方式物化岁月积淀，用百年老校优良传统和校园文化建设经验激励商专人奋斗不止；通过建立校友会，弘扬先贤精神，激励学子情怀，凝聚校友爱心；通过讨论、研讨等多种形式的活动，对商专的文化成果进行总结、积累和提升，以文化涵养与滋养莘莘学子。另一方面，我们持续拓展素养文化建设路径。素养文化指人们在文化方面所具有的较为稳定的、内在的基本品质，是知识及与之相适应的能力行为、情感等综合发展的质量、水平和个性特点。近些年来，我们结合新校区建设，开辟"心灵智慧空间"，让广大师生敞开心扉，正确解决学习工作生活中的疑惑，从容面对自身、面对他人、面对问题，形成较好的心理文化素养；开辟"福商广场"，创意制作了"三手一口""盛世福商碗"等文化雕塑，旨在传承学以致用、知行合一的商专精神；通过实施"闽商文化素养工程"，以大爱感恩、明德诚信、包容友善、吃苦敬业、团结合作、敢拼会赢、严谨创新的福商理念为核心，闽商职业素养为重点，培养具有"闽商文化素养、品格素养、职业素养、素质拓展、行为规范"的实用型人才；通过坚持将大学文化与人才培养紧密结合，把素质教育融入到校园文化建设中，组织广大师生完善福商素养教育工程，培养高素质的"闽商"人才。

2. 载体文化"打造"：拓广环境文化、设施文化建设的路径。大学载体文化育人功能的实现，主要是通过对校园各种物质形态的整体规划、科学设计和合理配置，构成校园自然和谐、错落有致的园区，形成各种美的实体形象与蕴涵其中的文化神韵，对置身其中的大学人进行"润物细无声"的熏陶，使其体验到事物的美好，从而扩展到对学校、对学习、对生活的热爱。一方面，我们通过打造校园环境文化形成文化濡染。大学环境文化以校园为空间范围，以社会文化、学校历史传统为背景，以大学人为主体，以校园特色物质形式为外部表现，制约和影响着大学人活动及发展的一种环境。近些年来，我们结合新校区建设，把校园环境建设纳入文化视角进行规划打造，通过建设"福商广场""五福广场"等体现"百福"与"百商"文化积淀，让师生感知"幸福文化"的要义，从而追求幸福教育、幸福生活、幸福成长；通过建设"太极广场"，让师生认知浩瀚宇宙间的一切事物和现象都包含着阴和阳、表与里既互相对立又相互滋生依存的关系，从而在天道、地道、人道的精气神涵润下感知教育的目标；通过建设"心湖广场""桃李园"，用"上善若水"、桃李春风的教育滋润心田，从而实现"桃李满天下"的办人民满意教育的宗旨；通过建设"时令广场""校训墙"等，用中外名校的校训理念滋养师生，让莘莘学子珍惜时光好好学习；通过建设"健身广场"，传导生命在于运动的理念，让师生用生命不息、运动不止的理念创造更美好更灿烂的未来。另一方面，我们通过打造校园设施文化形成文化熏陶。设施文化是通过对具体可感的载体建设，让其产生教育、教化的作用。近些年来，我们结合新校区建设，着力打造校园文化设施，通过打造"教箴墨韵"馆，集百位中国书协会员书写的教育格言于一体，不断丰富百年商专的教育内涵；通过打造"瓷韵漆意"馆，以老子、孔子、墨子、荀子等教育家、思想家为创作题材，让广大师生在欣赏中践履关于"因材施教""有教无类""教学相长""育才造士""教而勿诛"等教育理念；通过建设"廉政文化展示馆"，开设廉政讲堂、开办业余党校和设立廉政格言、廉政书法、廉政印语等专柜，让廉政问题防范于未然，让师生在廉洁教育熏陶中做人做事，培养造就"新一代"闽商学子；通过建设"校务传馨"馆，创新服务平台，在"方便集中一站式、规范运转一条龙、高效快捷马上办"的服务中，打造教育阵地、咨询窗口、办事平台、学生家园，实现办人民满意教育的宗旨。

3. 专业文化"打头"：拓深学科文化、科研文化建设的路径。百年商专发展过程中，始终以"商"科为主，形成了工商管理、经济贸易、会计、信息管理工程、旅游、商业美术、外语、新闻传播等教学与专业建设体系。为此，在打造专业文化中，一方面，我们不断拓深学科文化建设路径。近些年来，我们结合新校区建设，力求改变老校区学科建设环境不配套的制约因素，结合学科与专业特点设置宣传栏，展示学校学科与专业的建设理念、科研动态、发展趋势等，让广大师生从中认识不同专业的特色、影响与发展；通过在新校区建设"专业撷英"馆，用学科理念展示的教育思想、学科箴言体现的专业文化、学科知识彰显的历史积淀、专业师资具有的特长风采将百年商专以商科为主的学科特点展现给广大师生，让莘莘学子得到学科知识的学习与熏陶；通过将人文教育渗透到专业教育中，塑造积极进取、人文关怀、探索与创新等学生未来从业的基础与核心要素，建设具有人文思想的专业文化，在给予学生知识和技能的同时，培养了学生对专业正确的认知、责任意识、执着精神和从事专业具有的道德情操。另一方面，我们努力拓深科研文化建设路径。近些年来，我们通过制定《科研工作管理条例》和《专业技术人员科研工作量考核办法》，以每年评选优秀科技工作者和科研成果为推力，以打造校本教材为载体，不断增强科研能力，并以此促进科研与教学的互动性、教学方式的启发性和教学活动的创造性；通过建设"校刊文化展示馆"，设立学报掠影、期刊常识、论文学术规范、高校学报展示等专柜，让师生认识学术前沿问题，自觉践行学术规范行为，从而得到科研文化的教育与熏陶；通过科研文化的濡染，让学生在潜移默化中形成影响深远的专业素养，从博大精深的科研文化中培养开阔的视野、宽广的胸怀、执着的探索精神，从专业要求中自觉形成角色认知，从特有的氛围中养成专业文化。

4. 特色文化"打响"：拓展书香文化、闽商文化建设的路径。特色文化是百年商专别树一帜、独具一格的校园文化载体。一方面，我们着力拓展"书香文化"建设路径。书香文化来源于博大精深的华夏文明，植根于中国文人文化的清逸、优雅。福建商专新校区地处具有深厚历史书香文化之地贵安，朱熹曾在此结庐讲学，正可谓"浙闽孔道登龙路，北斗七星栖凤台"，独特的地理环境滋养了特色文化。为此，学校以建设"书香广场"为载体，积极倡导教育文化、读书文化、"笔力"文化、学术文化和传统文化，通过书香文化广场的建设将耕读传家、庠序之学、书院教育、乡评里选、学校升贡、应科举试、释褐状元等古人求学之路与现代求知之道相结合呈现闽商文化和闽教积淀的厚重；通过设计制作中外教育家雕塑，践履中外教育家所倡导的教育精神、理念和实践；通过"教师沙龙"和"邮品集珍"馆的建设，让广大教师拥有温馨的书香家园，从而激发教书育人的热情与激情；通过在学生宿舍楼设定近万平方米的"晚自习馆"，开展"我最喜爱的一本书""我爱阅读"等系列活动，让学生养成读好书、好读书、书好读的阅读习惯，形成书声琅琅的"书香校园"氛围。另一方面，我们全力拓宽"闽商文化"建设路径。闽商文化豪迈奔放、坦荡达观、深藏奥妙、孕育灵光，同徽晋粤浙商帮并驾，与东西南北客户交心。百年来，福建商专培养了数以万计的闽商人才，享有"闽商摇篮"之美誉。为此，学校将以建设"闽商文化广场"为依托，倡导"善观时变、顺势有为、敢冒风险、爱拼会赢、合群团结、豪侠仗义、恋祖爱乡、回馈桑梓"的闽商精神；通过"闽商文化""强商论坛""福商讲坛""闽文化"等教育讲坛，营造"百家争鸣"的学术氛围，配合学生专业协会和社团，推进校园文化与企业文化相融合，使广大学生具备良好的职业道德意识、敬业精神和责任意识，自然地融入企业文化之中，让广大师生感悟"闽商文化"；通过设立闽商文化研究基金，实现校企在文明创建中深度合作，让企业扩声誉、学校得支持、学生获实惠，对推动校企共同发展和人才培养产生积极的促进作用，使"闽商文化"在实践中发扬光大。

5. 价值文化"打磨"：拓宽理念文化、理想文化建设的路径。作为一种价值追求，大学文化设定了大学的基本价值取向和理想目标，引导大学发展方向。百年商专在沐风栉雨、筚路蓝缕的发展历程中形成了独特的价值文化。为此，一方面，我们全新拓开理念文化建设路径。学校"理念文化"主要包括学校办学理念、文化观念、历史传统，是一所学校办学思想、价值追求、育人特色的集中体现，是被学校大多数成员认可而遵循的共同的群体意识、价值观念和生活信念，是学校文化建设的核心内容，也是学校文化的灵魂所在。近些年来，我们通过设立"校训墙"，倡导大学理念，结合大学制度建设、"大学自治"等问题，制定《大学制度》，全面把握和落实体现福建商专作为法人实体和办学主体所应具有的权利和责任的一系列管理制度；根据《教育规划纲要》精神，以中国特色社会主义理论体系为指导，把握社会主义办学方向，制定《福建商业高等专科学校章程》，将依法自主管理的理念落实到具体规范当中；通过贯彻"党委领导、校长负责、教授治学、民主管理"制度，坚持"以人为本、面向社会、自主办学、民主管理"的根本原则，积极探索并建立符合时代要求的现代大学制度、民主管理模式和人本高效的日常管理制度，形成学校自我发展、自我约束、充满活力的运行机制。另一方面，我们全程植拓理想文化建设路径。理想文化是人们在实践中形成的、有可能实现的、对未来社会和自身发展的向往与追求，是人们世界观、人生观和价值观在奋斗目标上的集中体现。近些年来，我们结合贯彻党的十八大精神，以"我与中国梦"为主旨，把幸福校园建设作为目标来追求，通过主题教育"经常化"，开展主题教育活动，唱响爱国主义、集体主义、社会主义主旋律；通过文化精品"项目化"，对学校长期开展的各类文化活动进行有机整合与提炼，打造校园文化精品，发挥品牌的示范、引导、辐射作用；通过大型活动"例行化"，把"大学生科技文化艺术节""大学生社团文化巡礼节""大学生社会实践活动"等校园文化活动例行化、固定化，创建精品，不断提高大学生的综合素质；通过文化氛围"延伸化"，制定可行的一系列校园文化措施，将理想文化具体化为广大师生的内在观念与自觉行动。

三、"商专样式"之文化创建：以"八个明确"为抓手，解决"如何做文化"的问题

大学是文化荟萃的重要场所，是文明的集散地，是先进科学文化的摇篮。福建商专求真务实、大处注目、细处着手、不懈努力，既与社会保持着密切联系，使自己培养的人才能适应现实社会、服务社会，使更多成长起来的人才成为改造现实社会、实现社会理想、构建新的更好更完善的社会的新生力量；又能保证大学文化建设具有明确的目标和取得实际成效的方法，较好地解决"如何做文化"的问题。

1. 明确文化在大学建设中的地位与作用。大学文化作为高校育人的重要一环，在建设中必须特别注重功能性与教育性。一方面，我们不断强化文化在大学建设中的功能地位。大学是培养人才、从事科学研究的机构，大学文化首先作用于由大学培养的人身上，通过在大学的教育和熏陶，将大学文化其中包括大学精神以及德、智、体、美等方面的内容内化为人的素质，然后再由这些体现大学文化的人去影响和作用于社会；同时大学文化包括其产生的人文社会科学与自然科学成果以及蕴含大学文化的大学传统、精神、道德、风气等都直接作用于社会，对社会产生影响和教化作用，所以大学文化建设的出发点与归宿点都应始终如一地保证好大学自身职能与功能地位的实现和完善。另一方面，我们不断强化文化在大学建设中的教育作用。大学文化的每一部分中的教育性，包含科学性、知识

性、潜移默化的熏陶性、无形的影响引导性等，都应有特别的设计与要求，使其成为既是课堂教育的弥补和辅助，又是课堂教育的延伸，使学生既获得新知识、树立新观念、接受新思想、增长新才能，又培养了高尚的情操和博大的胸怀，使学生的个性发展和社会相协调，更好地发挥个人的特长和兴趣，更有效地展示文化在教书育人过程中的教化作用。

2. 明确文化在大学发展中的方向与方位。大学文化建设提升大学品位归根到底是发挥价值的影响。一方面，端正文化在大学发展中的价值方向。大学文化具有多元性、多层次性的特点，邓小平同志曾明确指出："属于文化领域的东西，一定要用马克思主义的眼光对它们的思想内容和表现方式进行分析、鉴别和批判。"为此，在大学文化发展进程中我们都始终强调政治主导作用，坚持正确的政治方向，以科学发展观为指导，顺应中国先进文化的前进方向，面向现代化、面向世界、面向未来，弘扬社会主义主旋律文化，倡导"富强、民主、文明、和谐，自由、平等、公正、法治，爱国、敬业、诚信、友善"的社会主义核心价值观，保证大学文化建设正确的发展方向。另一方面，坚守文化在大学发展中的育人方位。大学异彩缤纷的生活渗透着大学对学生培养的执着用心，大学文化建设将分散的集中、将零散的汇集、将过去与现在联系，让学生接触到、感悟到、享受到大学文化的意义与教育作用；无论是帮助学生做好职业的规划，提供学生展示自我才能的平台，还是塑造学生健康的心理活动，接触社会的实践锻炼、拓展视野的相互交流，文化的触角无所不在，这既是大学文化育人的精髓，更是大学文化建设应坚守的育人方位。

3. 明确文化在大学提升中的目的与要求。大学丰富多彩的文化折射出大学的底蕴，其不断地积累和挖掘将对大学的办学、对人才的培养起到无形的影响。一方面，明确文化在大学提升中的人本目的。大学文化建设旨在以人为本给学生养成执着追求。通过文化建设的实践，让学生建立不畏艰辛和困难、执着与追求的信念；通过老师的教诲、课堂的学习、校园的活动，让学生体会到一切在于实现理想和价值的追求；通过校史文化教育，让学生认识校友的奋斗历程，激励学生从青年时代就要追求梦想；通过爱校荣校教育，展示学校取得的一切成果，让学生自强不息，懂得怎样去为实现价值执着追求、实现报效社会的理想。另一方面，明了文化在大学提升中的涵养要求。大学文化给予的培养是充满理想的追求和实现，让学生在走向社会的长期磨炼中，追求属于自己的梦想，保持实现抱负的动力；大学文化给予的教育是肩负使命的责任和关爱，让学生努力用自己的才智贡献与回报社会，实现自我价值；大学文化给予的实践是迎接挑战的大气和智慧，让教育者用文化的博大精深和魅力、知识的力量体现学者的儒雅、管理者的干练、领导者的气度，并使这种文化涵养始终伴随学生的成长与成熟。

4. 明确文化在大学构建中的合力与动力。由于高校校园文化的特殊品质，有着自己的独特方式、深刻的内涵和超前的意识，能够执着地追求一种先进的、与时俱进的文化，能够始终把握时代发展脉搏和社会前进方向。为此，一方面，增强文化在大学构建中的自信合力。通过把社会主义核心价值体系和科学的思维方法、工作方法，深深地融入学校的各项具体工作中去，用科学的方法论、文化模式和文化理念指导全校的教学工作、学生工作和管理工作，让整个校园逐渐形成时时、处处都洋溢着这种精神和品位的文化氛围；通过继承、弘扬优秀的传统文化和学习、借鉴优秀的文化成果，使学校达到不仅仅是办学校而是办教育的思想境界，并持之以恒地使这种自信成为大学建设的合力与共同追求。另一方面，增大文化在大学构建中的自觉动力。我们应以高度的文化自觉，以使命意识传承优秀的传统文化、注重自我觉醒，以先进文化引领文化发展与繁荣、不断自我反省；以创新精神推动文化生产与传播、强化自我创建，深入推进校园文化建设，以发挥其对文化建设的辐射功能、提升功能和示范功能；通过培养人才，发表著作、文章和举办讲座、演讲等各种形式将所创造的文化输入社会，推动社会文化发展，培养时代需要的创新型人才，并让这种自觉内化为生生不息的文化内生机制与动力。

5. 明确文化在大学优化中的方式与方法。大学文化建设是一个逐步走向完善、不断深化的过程。持之以恒是大学文化建设的外在要求，健全规章制度、强化统一管理是其内在要求。为此，一方面，提升文化在大学优化中的规划方式。从实际出发，根据大学文化建设整体规划的要求，健全和完善必要的规章制度，使师生员工既有价值观、道德观的导向，又有制度化、规范化的改革；通过调整好大学内部的组织机构，建立和形成大学文化建设所要求的组织体系，使大学文化建设有体制保证；通过对校园文化中的校训、校歌、校标等提炼与提升，使其与教风学风校风相协调，形成大学独特的传统和精神。另一方面，提炼文化在大学优化中的整合方法。通过整合功能，把校园文化作为相对稳定的价值标准、思维行为方式、人格模式、社会规范和准则等的结合体，使文化提炼、升华和涵养功能得到不断增强和优化；通过整合师生的群体生活，确定个体在群体中的角色知觉与地位，为群体提供规范和导向作用，调整广大师生彼此间的互动，力图达到一个整体的、和谐的效果；通过制定校园文化管理制度，使学校的各项工作有章可循、有据可查、有法可依，各项工作进一步规范化、科学化、制度化、人性化，使管理制度不仅成为制约人的工具，还成为引导人、服务人、发展人的文化内生力量。

6. 明确文化在大学行进中的格局与布局。大学文化建设要在与时俱进的实践中培养开放意识，汲取古今中外一切有益的科学文化和人文文化，在内容和形式上积极创新，不断开拓大学文化的新途径。为此，一方面，筑造文化在大学行进中的培养格局。通过培养一支热心于大学文化建设工作的教师骨干队伍，使他们既能积极探索大学文化建设的新途径、新方法，又能带动大学生积极参与大学文化建设，使大学文化建设能承前启后、步步深入；通过培养学生骨干的梯队，构筑大学文化建设体系，把大学文化建设与社会实践、学术研究、专业实训、择业探索、心理健康教育、勤工助学等载体联系起来，不断充实新的文化活动内容，开展全方位、多层次、多形式的文化活动，并使这种渠道、途径相互交融，形成持之以恒、持续不断的人才培养格局。另一方面，筑就文化在大学行进中的素养布局。根据社会大文化环境，结合大学自身的实际条件，形成大学的独特文化；抓住大学文化资源丰富的特点，发展个性化的先进的大学文化，在着力提高人的全面素质的基础上，促使大学生在丰富多彩、生动活泼、健康高雅的文化活动中获得全面成长，适合高素质应用型人才培养要求，满足大学生整体素质的"阳春白雪"，并使这种素养格局的打造与筑就更加悠久、更加持续、更加有效。

7. 明确文化在大学打造中的战略与战术。高等教育改革的不断深化，高校后勤社会化改革的不断深入，要求我们要适应新形势，转变观念，提升文化打造的力度。一方面，建构文化在大学打造中的协调战略。要把大学文化建设工作提高到精神文明建设、培养全面发展的社会主义人才的战略高度来认识，深化对大学文化的研究；要根据大学的发展战略，对大学文化建设进行科学的定位和整体规划，突出大学的个性文化，尤其是要对成为新形势下大学文化建设的重点的社团文化、寝室文化、教学文化、品行文化等关系进行深入研究，并通过互相关联载体的建构，提升大学文化构建中的协调战略视野与实施水平，进而不断提升文化的整体影响力和教育作用力。另一方面，架构文化在大学打造中的协同战术。通过增强校园文化认同，使之内化于心、外化于行，让广大师生对自己进行的校园文化建设工作达成共识；通过广大师生广泛参与校园文化建设，让校园文化融入日常学习生活和思想行为中，最终成为自己价值判断的标准和做事的方式；通过注重发挥工、团、学、学生社团以及学生公寓管委会、网络虚拟群体等新型大学生组织在校园文化建设中的重要作用，打造人文艺术类、专业技能类等学生社团，使"公寓文化""社团文化""网络文化"建设精彩纷呈，并通过有效引导和建立协同架构，全方位推进大学文化建设。

8. 明确文化在大学推进中的领导与引导。文化具有引领社会风尚的作用，文化建设更需要领导和引导。为此，一方面，明确文化在大学推进中的领导作用。通过大学文化建设主管部门树立一种主动关心、悉心培养、提高水平、科学管理的精神，加强对学生社团的管理指导工作；通过健全和完善社团组织制度，使社团有章可循、有规可依，使校园文化建设科学化、系统化；通过指导帮助社团开展健康的活动，及时对其开展培训和思想教育，不断提高学生文化素养；通过扶持学生社团健康活动的开展，使校园文化活动蓬勃发展，发挥文化的引领作用，并牢牢把握好大学文化建设推进过程中的领导地位和作用。另一方面，明白文化在社会发展中的引导作用。通过将文化交流与高等教育的改革发展紧密结合起来，积极主动地做好对外文化交流工作，重视内联外引，不断提高大学文化的层次和水平；通过把校园文化"引进来"的同时积极"走出去"，把本大学最具特色和优势的大学文化展现在全省、全国面前，以最具特色和优势的文化产品参与竞争；通过不断创新和发展，使大学的文化资源与社会共享，将大学文化发展成文化产业，将学校拓展成为社区科学文化教育基地，充分发挥辐射作用，为社会大环境的优化和构建社会主义和谐社会作出积极的贡献。

百年商专赋

◎杨晓颖

孕福之州，因榕而灵。秦时置郡，山水绕城。闽水沧沧，静看潮涨潮落；鼓山巍巍，闲观云卷云舒。凝日月之精华，百姓殷实富庶；钟天地之神秀，学府繁盛昌茂。岁月如梭，两千载古郡榕城；光阴似箭，阅百年名黉商校。青山嵯峨，引五凤翩翩来仪；潘溪澄澈，酿千祥栩栩骈臻。心湖画桥熏风，桃李增色；堤堰山间明月，书香沁脾。文昌朗照，应长庚而成象；皋比欢腾，喜学子之盈门。此诚乾坤造化，政通人和之功耶！

溯自光绪，黄公筹肇校之赀而商校立；延及民国，书院籍辟学之机而职教始。非以役人，乃役于人，我为人人，人人为我，兴学真谛，校魂斯扬。国难方殷，褒刚正不阿气节；道范长敦，弘学以致用精神。为挽民族于危难，高商大义；为救同胞于水火，声远高节。三商拢合，去其粗而取精，优势蔚起；福商嬗递，避其短而扬长，高教溢筋。回眸沧桑，荆棘中，栉风沐雨愈挫愈勇；光复时，欢歌忭舞再接再励。沧桑几何，气象万千，然亘古未变者，唯好学尚义之心也！

然则悠悠太学，特色昭著，功业斐然。明德通达，诚信慎思，勤敏博学，自强笃行。宗旨归乎纯正；言行本自圣贤。桃李榕桂柳，青翠馥郁八方；金木水火土，经典流韵百世；恭宽信敏惠，厚德传诵千秋。闽商摇篮，文化成就卓荦；幸福教育，睿智流淌大爱。文字、算盘、普通话，美哉克备；外语、算术、计算机，允矣精通。行知结合，学践并举。不持有、不贰过，皆师生所好；会做人、会做事，即商专精神。教师、学生，奖掖促发展；闽台、校企，合作结硕果。缘结公大，携手陶铸英才；情牵福光，同心孵化精品。科研富盛毓锦绣；继教璀璨谱新篇。鸟类宗师郑作新，为雀昭雪，史册铭记；虫界泰斗唐仲璋，化蛹成蝶，丰碑昭彰。莘莘学子，锋芒初露，秉冲霄之志百折不挠；衮衮俊彦，德才俱佳，存济世之心诲人不倦。

噫！美哉，七星拱月，华光煜熠燿苍穹；伟哉，六位成体，椽笔磅礴绘蓝图；雄哉，十手齐心，壮志踔厉兴庠序。登高望远兮，薪火雄烈铸校魂，勇立潮头；乘风破浪兮，气度恢弘写鸿猷，更上层楼。忆想往昔，可歌可泣；伫望商院，乃升乃登。歌曰：人人为我，我为人人，吾校之风，山高水长。

目录
CONTENTS

一、
校史馆（湖前校区）

张雄伟　摄

百年学府

◎ 沈丽源

光阴荏苒，岁月如梭。从1906年创办的福州青年会学院，到解放后福建省财政贸易学校、福建省商业学校，再到福建商业高等专科学校，一百年的征程，栉风沐雨，一世纪的业绩，令人瞩目。

今天，学校已由过去的单一商科教育发展成为以经济学、管理学为主，文、理、工、法、艺术等学科兼容发展的办学格局，并以良好的教育质量和显著的办学效益享誉社会。

新一代商专人，将以明德诚信、爱拼会赢的闽商传统品质培育大商贸人才，以勤敏自强、开拓进取的改革开放精神拓展新世纪蓝图，为建设海峡西岸经济区作出更大贡献。

百年学府 龚振芳

值此百年庆典，特举办校史展览。旨在回顾往日时光，共叙校友情谊，传承闽商教育精神，襄助母校未来壮举。这里的每一张图片，或黑白分明地记录着历史的沧桑，或色彩鲜丽地映证着现实的辉煌，就让我们从这些图片开始，走进母校百年的历史长廊……

历史现实相辉映　存史励志共育人

◎邱晓青

　　校史，指的是一所学校的历史沿革，即一所学校的创设、变迁、发展历史，还包含了在学校历史沿革中与学校有直接关联的人物和事件。福建商专在湖前校区建立校史馆，这里的每一张图片，或黑白分明地记录着历史的沧桑，或色彩鲜丽地印证着现实的辉煌，校史馆的建立对存史资政、育人宣传都发挥重要的作用。

一、存史资政：一部发展的纪录片

　　大学校史是一所大学发展轨迹的真实记录，是该大学兴建、发展、壮大的历程，是大学经验、教训、智慧等方面的积淀，是一本生动的教科书，是大学文化的映射和风格特色的集中体现。它包含着符合大学发展的独特经验、智慧和文化传统，是一所大学"自我反省"寻求发展的重要依据。福建商专"百年历史，栉风沐雨，岁月如歌，忆念如潮，视线穿透记忆的底片，触摸母校百年的历史褶皱，历史从1906年开始，几迁其址，几易其名，分分合合，合合分分，商贾摇篮，无奈下马，劫后重生，复办升格，母校的历史，浓缩着20世纪的风云变化"，校史馆中的图片、文字是学校先辈们在学校和社会活动中的真实记录，从中我们不仅可以知道相关事情的真相，更能从中积累经验、吸取教训，实现新的跨越。正如校史馆所介绍的那样，这些校史资料反映了学校的百年发展历程以及学校发展过程中的教学、科研、社会服务等诸多方面的内容，还记载了老一代知识分子为振兴和发展民族教育事业、呕心沥血、努力拼搏的历史过程，真实地反映了老一代知识分子的爱国主义精神和对学校教育事业的发展作出的贡献。

　　校史馆对于我们了解学校的过去、规划未来具有重要又独特的作用，因为有关我们智力的、精神的、情感的以及社会、文化等所有一切的根基都在于过去，我们只有了解过去，才可能对未来作出理性的判断。古人曾云："治天行者以史为鉴。"要建设好一个国家，必须要掌握好该国国情，要办好一个高校，既要了解国情，更要弄清该校校情。校史馆中陈列有30个展柜，每个展柜一个主题栏目，从"乃裳肇学""内强素质""外塑形象"到"跨越发展""海峡合作""校际交流"再到"热点观察""全球视野""纵横捭阖""立足中国""放眼世界"从学校的发展到国家的发展再到世界的发展，体现了我校的发展与时俱进的原则，站在历史积淀的基础上，商专人审时度势、勇敢接受挑战、抓住机遇，用更广阔的视野来规划商专的未来。今日商专，自强不息，升格复办后励精图治，进入跨越发展的阶段，争取财政支持，抓基础建设，把教学质量作为中心工作，招生情况年年攀升，德育工作、文化建设进入新境界，"未来展望"规划商专美好蓝图。因此，校史馆有存史咨政的功能，校史馆的建立为学校提供发展经验和历史借鉴的指南。

二、教育引导：一本育人的教科书

将高等学校校史馆建立成对学生进行爱国、爱校和德育教育平台和校园精神文化建设的堡垒，也是学生培养的需要和教学工作的重要内容。

1. 校史馆是学校对学生进行爱国、爱校教育的一个重要基地

校史中包含着丰富的思想政治教育内容，是高校对学生进行爱国主义教育不可忽视的教育资源。校史馆陈列的校史资料中体现的思想政治性表现为弘扬正气、针砭丑恶，讴歌先驱，教育和激励后人，有着积极的社会意义。百年商专素有以天下为己任的光荣传统，特别是在国家有难，民族面临危机之时，学校波澜立起，救国热潮风起云涌，前辈校友们率先冲在革命的风口浪尖。1947年，我校的前辈们集结在中国共产党的旗帜下，和当时英华中学的志士们一起成立了英华——高商支部（高商是我校的前身之一）。其后，英华——高商支部在福建省高级商业职业学校的组织并成立了声远学会，参加学会有进步学生30多位，其中地下党9名，地下民盟1名。学会的成员是党领导的爱国民主进步学生运动的骨干力量，他们团结、引导、发动广大同学，响应支持党的民主革命主张，与当时福州各个学校地下党领导的进步学生团体一起共同战斗，涌现了青商时期的卢懋槼、高商时期的陈永京、陈锦娟烈士。大江东去浪淘尽，这些校友、英烈们载入史册，成为校史上光辉的篇章。"100年的风雨、沧桑；100年的坎坷、自强；100年里，母校从苦难中撑起一片晴空朗朗，到底是什么，使我们的母校在苦难中如此坚韧，那就是决胜于商场，致祖国于富强的雄心万丈。"当学生们驻足在一幅幅历史照片面前，看到学校在各个阶段发展的或艰辛或辉煌的历程，前辈校友们爱国护校、挽救民族危机的各种行动，会潜移默化的受到熏陶和影响，对学生起到教育、激励、引导的作用，更会激起学生爱校、爱国的热情，激发他们的历史责任感，树立正确的人生观、价值观。

另外，校史馆中还设立了一个王增祥校友捐书专柜，其将收藏几十年（从清代、民国、新中国初期、改革开放前后至今，时期跨度265年）宝贵的财会、珠算书籍等近500本无偿捐献给母校，不仅为我校提供了珍贵的史料，而且更可以让广大学生及参观者感受到校友对学校的赤诚之心。

2. 校史馆的建立有利于校园文化的形成及传播

校史馆作为一种宝贵的文化资源和高校文化传播的重要媒介，其真实性、直观性、社会性特点决定了它是新时期校园文化建设中最具吸引力和渗透力的有

效形式和载体，是学校珍贵的精神财富。利用校史馆的平台，能够弘扬学校的传统文化，一所大学所形成的办学理念、校训校风、校园风尚、制度文化、校歌等，无不是历史物化了的精神文化的表现，从而形成学校所特有的校园文化。"百年商专"从乃裳肇学，建立青年会书院，以"非以役人，乃役于人"的办学宗旨，一百年来始终以"发民族之光，作贸易之先导，致祖国于富强"为办学宗旨，"自强不息"，秉承"明德、诚信、勤敏、自强"的校风，正是有这样的历史积淀和文化传统，才使得百年老校历经风雨，一路走到今天，并不断开创美好的未来。百年商专的文化积淀通过校史馆得到发扬，并不断充实校园文化的内涵与力量，从而使学校形成一种良好的文化氛围。学生们通过聆听学校历史的讲解，参观校史馆能达到身心与母校融为一体，浸润于母校的文化氛围中。同时，利用校史馆的平台，弘扬学校的传统文化，让学生知晓学校创业的来之不易，感受前辈校友们为事业而拼搏的忘我精神，如"校友风采"中有颇负盛名的专家学者，有德才兼备的组织者、领导者，有硕果累累的企业家、经济师、会计师、审计师等，他们通过自己的勤奋努力，作出了一番成就，通过对这些校友的宣传展览，可以对学生起到榜样和激励的作用。另外还有30个展柜内容也无不体现了校园文化的建设和发展，比如，在"内强素质"栏目下摆放着由我校叶林心老师所刻印章"明德""诚信""勤敏""自强""讲究做人""学会做事"，把百年传承下来的校训校风物化成印章的形式，在新时期又注入了新的内容："历史自觉"，教育人的历史自觉，要与时俱进地践行这种历史自觉，担当起不同时期的历史责任；"自强不息""不二过""不持有"这些教育理念，为校园文化注入新的内容。通过这种形式意在使校园文化的内涵不单是镌刻于石头上，更希望能镌刻在每个商专人的心里。一批又一批的学子在短短的大学时间里，通过参观校史展感受学校浓厚的人文气息及文化氛围，不仅使学校的师生员工了解学校的创业、发展的历史，还会以身为学校的一份子而感到骄傲和自豪，形成自觉良好的学习风气和工作习惯。这样，可以把广大师生员工的思想和力量凝聚在一起，激发他们为共同的发展目标而不断开拓、进取，使校园文化得以进一步的发扬和传播。

3. 校史馆的建立有助于学生开阔视野、提升素质

校史馆中30个展柜，每个展柜一个主题内容，陈列了大量的书籍、材料，不仅呈现了百年福商的文化传统、科研成果、师资水平，更加注重文化的内涵和对学生综合素质的提升，大量的有关闽商、财经的书籍与我校以"商"为中心的专业相关联，体现了我校要求学生在学习自身专业的同时还要注意综合素质的提升。"教育文化"栏目中有关教育理念的书籍；"闽商文化"收集了《八闽之子》《闽商文化》《商人道德》等书籍，"闽都文化"介绍三坊七巷，闽都生活的书籍；"蜀香留韵""历久弥新""文以载道"展出郭银土教授的书籍、挂

历、文化作品等；"学术之路"陈列了从1999年至今的学报；"福商集萃"主要是福建商业高等专科学校的历年《福商通讯》报纸；"百家争鸣"介绍学校教职工优秀论文集；"百舸争流"主要陈列的是由学校教师主编或参编的各类专著、教材，及教职工获奖证书；"百花齐放"是我校教师在各类学术刊物发布的论文、研究报告等；"学有专攻"主要摆放中国金融类书籍；"新锐学科"介绍当今社会新兴职业，对学校专业设置、发展方向有一定参考作用，"为商之道"是商业类书籍，启发学生如何在商场上做人做事；"企业境界"中有《未来企业之路》《城市与国家财富》等书籍；"财经思维"中包括《财经简史》《转变经济发展方式研究》等，培养学生财经思维；"时代经济"中有《新经济时代的经济学》等；"关联财经"与财经有关的经济书籍如《贸易打造的世界》《关联经济》；"热点观察"主要是引导学生关注当今世界发生的事件和变化，如《未来亚洲》《欧洲梦》《已经发生的未来》《粮食战争》《低碳之路》等；"全球视野"引导学生站在全球的眼光来看世界，如《全球化品牌》《下一轮全球趋势》《世界规模的积累》《世界工厂》等；"纵横捭阖"中有《建言中国》《头等强国》《第9次崛起》《跌荡一百年》等书目；"立足中国"是让我们了解本国国情，如《当中国统治世界》《中国大趋势》《共和国转身了》；"放眼世界"主要描述未来世界的趋势、世界格局，如《世界大趋势》《未来50年的大趋势》《世界是平的》。通过这些材料、书籍不仅使学生们了解了学校的发展历程，繁荣成果、更开阔了视野，从了解一个学校到了解一个城市到了解一个国家再到了解世界，从而让我们可以站在一个民族和世界的视野上去开创未来。学生可以通过阅读这些书目，提升自身的综合素质，从而不会拘泥于狭隘的角度看问题，而是可以从更高更广阔的角度来看这个社会，对于学生以后的发展是大有裨益的。

三、宣传交流：一个文化的大窗口

校史馆是学校进行对外宣传的一个重要窗口。许多大学尝试战略性地将校史教育基地打造成展示大学历史文化、办学传统、育人成绩及科研成就的窗口和对外合作交流的平台，并将其作为传承大学精神、缅怀先人、垂范后学、弘扬校风、激发师生员工"知校、爱校、荣校"信念的文化阵地。这样可以使更多的国内外人士了解认识我们学校，是宣传、展示学校风貌的主要窗口。当下，教育竞争日益激烈，优胜劣汰已经成为历史必然，学校要生存，要发展，要提高办学质量，优化办学条件，那么加大学校宣传力度，赢得学生、家长的青睐已刻不容缓。校史馆是学校历史的再现，作为学校的历史载体，它记录着学校创办之初至今的全过程，饱含着学校的风雨沧桑。广大学生、家长及社会各界人士通过参观校史馆，就可以清晰地了解学校的历史变迁、办学成就，展望辉煌的远景。比如"外塑形象"中有各家报纸对学校的宣传报道，力恒奖教奖学基金证书，学校行政、人事、后勤、学生等各类规章制度；"百尺竿头"展示的是百年校庆有关资料；"跨越发展"中有《"十二五"事业发展规划》《新校区校园总体规划设计》《教育规划纲要学习辅导百问》等内容；"达标建设"中是商专的人才培养方案，特色与创新项目等；"海峡合作"，与中国台湾建国科技大学的合作资料；"校际交流"参考其他大学的教学模式；另外从"副高职称以上教师"板块可以看出我校的师资队伍水平，"系部巡礼"主题下，介绍展示了各个系部的基本情况及特色，了解专业设置情况，从这里我们可以清楚地看到学校从无到有，从发展到壮大的历史进程，可以清楚地看到学校全方位的办学成果，以及所描绘的宏伟蓝图。校史馆通过各种专题展出所陈列出来的大量的历史老照片、文字介绍、各类实物、书籍等资料生动而翔实地丰富了学校的历史文化积淀，彰显了一所学校的独特的风格及文化内涵。学校可利用招生、迎新、校庆、对外交流、校际往来等活动组织人员参观校史馆，并常年对外开放展览，从而达到宣传学校的目的。另外，校史馆管理人员要对校史展览进行动态维护，使其成为开展校史校情教育的重要基地和对外交流、宣传的重要窗口。

二、
校史馆（贵安校区）

C H A P T E R

张雄伟 摄

福商物语

◎ 陈达颖

邹鲁海滨，人文荟萃；八闽首邑，文昌教盛。校舍宏开，绛帷高启；桃李成荫，明诗习礼；书香满城，人才辈出。

乃裳肇学，书院始奠；"青商"职创，居闽首端。"高商""声远"，徙址榕垣；"市商"立远，名归实至。三商合并，九九归一。"商校"复兴，优势整合；福商嬗递，任重道远。历史播迁，沧桑百载；冀建"商院"，众望攸归。

闽江迤北，学远流长；永福栖学，学以致用；建州立业，声远高扬；大庙黉门，惠泽全闽；中山贡院，弘扬先学；伯牙覃思，恢宏庄重；虎踞螺洲，帝师召引；首山清韵，气象万千；五凤来仪，钟毓灵瑞；贵安郁藻，集秀聚英。

特色鲜明，遐迩闻名。"三手一口"，学为时栋；"三不断线"，德称世缵。品行教育，提升境界；掖教奖学，以人为本。质量立校，创新强学；"六位一体"，战略宏迈；与时俱进，跨越发展。

师生融洽，和谐发展。为人师表，严谨治学；倚重科研，瞄准前沿；学术精湛，院士风采；校企合作，孵化成果。德才双馨，济济多士；精心育人，桃李增华。学子求知，勤敏自强；敢拼会赢，闽商精神。做人做事，品行兼备；理论实践，相得益彰。春葩秋实，硕果累累；打造品牌，贡献海西。

薪火相传，立品种德；开来继往，踵事生晖。兰芷信芳，松筠永寿；锦绣前程，大展宏图。

福商物语　叶林心

文化解读

福商物语　润物无声

◎邱晓青

　　物语者，故事也，以无声的画作、各类文字资料、历史老照片讲述商专百年风雨故事。走进物语馆就像是开启了一场寻根之行与温梦之旅，沿途可以感受到每个时代独特的历史背景、文化气息，触摸百年学府深厚凝重的人文积淀。人事更迭，古往今来，唯有这些无声的实物，铭记了学校发展的变迁与辉煌，让一代代商专人从中去触摸历史遗存，去倾听百年岁月的历史回想，去认知未来商专的发展辉煌，达到润物细无声的效果。

一、三维一体，忆往昔峥嵘岁月

　　一幅画，一叠文字资料、一组历史老照片，自上而下，形成了三维一体的格局，三十五幅画作，回字形摆放，构成了一个时空回廊，无声地讲述着每一段历史钩沉中的悠悠往事，有了三维一体的全方位的诠释，百年历史不再是弹指一挥间，每一个刹那的芳华都被凝固于每一幅画中，定格在那一张张黑白照片中。缩史为图的一幅幅画作，充满岁月痕迹的老照片及各类实物资料向我们展开了一幅跨越百年的画卷，如同一部凝固的校史，无声地记录着悠悠学府的流年碎影。商专百年不再是不经意想起的瞬间，而是有着血肉风骨、朗月星稀的一段段记忆。

　　福商物语馆是连接新旧两个校区的文化纽带，对老校区校史馆的传承和创新，是开创新校区校园文化建设的基础，否则新校区文化建设变成无源之水，无根之树。和老校区校史馆相比，物语馆三维一体的布展格局，更加具体生动，不仅内容丰富，实物形式多样，且带有艺术气息，更加深入挖掘校史。一幅幅画作，或以油画、或以装饰画、国画、漆画形式把百年历史沉浮中的重要事件勾勒而出，几度黉门变革秋，从中我们可以清晰的看到商专百年历经的乃裳肇学、宝琛筑基、青商职创、高商声远、市商志坚、三商合一、商校复兴、福商嬗递、院校楷模、冀建商院十个重要历史时期。以及十个办学方位：闽江迤北、永福栖学、建州立业、大庙黉门、中山贡院、伯牙潭思、虎踞螺洲、五凤来仪、首山清韵、贵安郁藻，历史被浓缩为惊鸿一瞥。走近那一张张老照片，仿佛又走进了那段辉煌绚烂、令人荡气回肠的历史，我们可以看到中山路上的白墙青瓦，苍霞洲的红砖碧水，仿佛可以听见南平东门外校场坊礼堂的钟声，感受"姑娘在学堂、木屋充闺房"的高商宿舍环境，轻嗅"黄豆浦城红，养大少年郎"的高商食堂。就是在这样艰苦的环境下，高商学子不畏艰难，仍然坚持学习，并且抗战时期的高商支部更是作为革命的星星之火，发挥了重要作用，涌现了一批革命志士。还可以看到财贸学校师生北峰热火朝天的劳动情形，民兵大比武，学生运动会上学生们奋勇拼搏的精神跃然于纸上。还有各个历史时期的毕业证书和成绩单，各类相关书籍、旧教材、校友回忆录等，更加详尽具体地反映了学校在那个历史时期的教学、学习、科研、生活的状况，更能直观地反映学校发展和变迁的真实历史面貌。以史育人，以史鉴人，以史励人。校史传承的文化链条，承载着学校的文化传统、治学风格与精神风范，校史文化决定着校园文化的精神内容、物化样态，决定着校园文化的发展方向、发展水平，决定着校园文化是否在心理层面为师生员工所接纳、所认同。我们只有对百年商专历史的认知、认同才能更好地传承百年商专的"精、气、神"，为校园文化建设触发新的兴奋点，发掘新的增长点。校史文化是校园文化的发展根基，脱离此根基，一切校园文化建设活动必将因为缺乏养分而衰退、死亡。可见，校史文化作为校园文化的核心要素，在新校区校园文化建设过程中以其强大的历史穿透力和震撼的历史厚重感，推动着校园文化的建设和发展。并且围绕校史文化这一中心，年轮式的向外扩张，不断创造新的文化形式和新的文化载体。

二、教学相长，展福商优良校风

商专百年走到今天，始终秉承优良的校风学风，教学结合、相互促进。尽管校舍简陋，设备不足，经费拮据，但主持校务者热心办学，执教者认真教学，受业者虚心求学，在百年风雨征程中排除忧虑和彷徨，奋力起飞，度过一个个难关，实现一次次华美转身。百年来，学校虽"十易其名"，始终围绕"商"的精髓，并在薪火相传中不断壮大。商专百年来始终继承着先贤"非以役人，乃役于人""我为人人，人人为我"的办学宗旨，营造了良好的学习气氛，铭刻在师生的脑际，浸润着师生的心灵。在这种宗旨的熏陶下，师生们拥有了自强不息、艰苦奋斗的精神，成为学校的一大特色。

从这一幅幅画作中，不仅可以接收到美学教育和艺术熏陶，从中感受商专百年来的历史变迁和传承的精神。1906年创办的福州青年会书院，1927年改名为青年会中学，增设商科，成为福建最早的商科职业学校，培养一批又一批有理想、有知识的商业精英，始终秉承着先辈为民办学、开拓进取、敢拼会赢的闽商精神。青商倡导的"学以致用"的精神一直激励着一代代"商专人"不断前行。高商时期学校根据自身的办学条件、师资力量和用人单位的需求，开设商业科、会计科、银行科和运输科四个专业，学制三年。高商时期还办了校内实习银行、实习商店，其企业管理和工作流程与正规银行、商店一样，供学生轮流实习，倡导理论联系实际，增强动手能力。财贸学校在教学上，强调教学相长，教书育人。学校提出了"抓双基"——抓好基础知识、基本技能的教学环节和"精讲多练，少而精"的教学要求。对学生提出了"三手一口"的基本要求，即要练出一手好字，一手好文章，一手好算盘和一口流利的普通话。物语馆的橱柜中还展出了财贸学校时期会计学生用的珠算传票、会计作业分录纸、教材等；福州商业职业学校学生自办银行自行管理时候的银行股款收据等，都是当时教学情况的实物体现。福建高商1947级毕业的校友叶延昭在《同窗回忆录》中写道："在南平郊外校场坊，那是抗战期间母校所在地，山坡上错落简陋的校舍，艰苦的环境锤炼着我们的一代莘莘学子。还记得：翁礼馨校长亲自执鞭授课；沈帧老师要求背诵课文像瀑布一样一泻而下；刘翎忠老师的几何论证严谨；詹希老师的珠算，虽到电子时代，仍不失其手动的魅力。还有池邦俊、魏而立、李学岳等许多严师的音容、教态。"从中我们可以看出当时的教学情况，教学相长，形成良性循环，使学生们不但学习到大量理论知识，更能学习到业务工作中所需的实际技能。正是这种优良的校风、学风，经过百年的传承积淀形成了一套独有的办学特色，物语馆把这些办学特色总结为七个方面的内容，分别是三手一口、三不断线、品行教育、掖教奖学、福商文化、六位一体、闽商精神，这正是体现了商专注重教学结合，与时俱进的商科传统。

进入新时期学校进一步继承和弘扬百年商专形成的精神、风度与风骨，始终秉承"爱国奉献、追求卓越"的传统，恪守"明德诚信、自强不息"的校训，弘扬"知行合一"的校风，坚持"文理并重、文商交融"的学术风格，提倡传统文化的"恭、宽、信、敏、惠"的五种基本做人品德，弘扬"不二过""不持有""历史自觉"的理念，培养学生"讲究做人、学会做事"的能力，强化"校企合作、实践育人、恭敬躬行"的办学特色，取得了卓越的成效。物语馆中用"质量超然、科研富盛、继教璀璨、闽台交流、校企合作五个方面来展示学校新时期的办学成效。画作配以各类学术论文著作、荣誉证书，合作办学等材料，更有力地展示商专办学成果。""历史锤炼精神、沧桑铸就传统"，正因为有了良好的校风、学风，百年商专才能在筚路蓝缕中不断开拓、发展，物语馆所传导出的这种文化氛围，将时时刻刻影响着商专的师生，滋养他们是思想和灵魂，如同绵绵的春雨，弥漫整个校园，润物无声。

三、循轨踏迹，再谱华丽篇章

一百年来所有的历史沿革、发展轨迹、办学成效、办学思想、办学理念、荣誉奖项，名师教授，对外交流成果以及一切的一切，都被容在这几百平方米的空间里，正是这些构成了商专的精神基座，让历经一个世纪的我们底气与汗颜同在。商专百年人才辈出："一门两彦"讲的是唐仲璋和郑作新两个院士，"爱国情怀"讲的是青商革命烈士卢懋榘，"檄文为戈"描述的是寓居苍霞洲青年会的郁达夫。一幅幅精美的画作、一叠叠精选的文字书籍、一张张泛黄的照片仿佛在告诉我们：这里，人才辈出；这里，教学成果丰硕；这里，走出过名仕大家。当照片的颜色愈发鲜活起来，我们看到的是新时期商专领导班子立足当下、规划学校未来的情景，一个朝气蓬勃，欣欣向荣的商专迈着与时俱进的步伐，向我们走来。老校新姿，催人奋进，不论是德育工作，还是教学工作，都是硕果累累。一百年，对人的一生是漫长的，而对一个学校，则是弹指一挥间。商专，摆脱了蹒跚学步的稚嫩，走过了少不更事的涩涩青春，成熟稳重中，不失锐气，意气风发中，添几多睿智。

以史明志、以史明鉴，历史我们要缅怀，未来我们要创造。"商专人"将乘着教育改革的春风，以更加开阔的视野、更加开放的姿态、更加执着的努力、聚焦重点、狠抓内涵、深化改革，一起去开创科学发展、跨越发展。始终把"发民族之光芒、作贸易之先导、致祖国于富强"作为座右铭，形成"勤奋、求实、创新、奉献"的良好校风。"发扬革命传统、树立良好校风，集中一切力量提高教学质量"的办学指导思想。在推进文明建设道路上，使当代大学所应具有的"硬实力、软实力、巧实力、隐实力"等校力建设，通过大学功能的践履，不断将大学理念、精神、文化与时俱进地发扬光大，使百年福商因文明而有形、因文化而有味、因文雅而有韵，将百年商专真正塑就成因文明化育而"厚重"的教育圣地和精神殿堂。物语馆也将成为缅怀历史、励志育人、繁荣校园文化建设的重要平台；成为宣传学校、联系校友、对外交流的重要窗口；成为商专人奋发进取，加快发展的精神动力。岁月如歌，征程漫漫，回望过去"百年福商筚路蓝缕肇端格致"，看今朝"世纪物语图新万象弘扬诚明"。相信商专的未来如同那一幅幅绚丽多彩的画作一样，绽放光芒。

首山清韵　林　景

三不断线　林立群

福商文化　蔡凌华

五凤来仪　陈珍珍

掖教奖学　吴晓刚

贵安郁藻　叶林心

科研富盛　白锦莲

一门两彦　龚振芳

闽商精神　葛明芳

继教璀璨　郑祥清

三手一口　李新萍

六位一体　张丽

品行教育　林晓波

闽台交流　陈秀免

爱国情怀　徐贺

校企合作　周海彬

橄文为戈　徐贺

质量超然　柯水生

三、专业馆

张雄伟　摄

专业撷英

◎ 黄跃舟

煌煌福商，闽中老校。"书院"肇新黉，官民共滥觞；"青商"设术科，职教始发轫；采东西文化芳润，纳古今思想精华；"自强之基"奠校风，"乃役于人"立宗旨。春秋代序，师者以椿萱之心，崇德育才，金针以度人；日月流转，学子立鸿鹄之志，迎风搏浪，振翅以凌云。学府使命，职教特色，一以贯之，生生不息。百年艰辛不平凡，一路风雨踏歌行；铭忧患而奋当下，创辉煌以壮来兹！

芃芃福商，高职龙头。特色鲜明为示范，质量唯上做表率，服务社会成准绳，内涵建设求跨越。办学理念，格物致知，学用结合；育人思想，明德诚信，勤敏自强；培养目标，学历技能，双证并举。八系三部一馆，专业四十有余；以大商业为基，对接海西流通之产业；以大服务为旨，瞄准八闽新兴之市场。风气先开，课程体系"模块化"；蹊径独辟，园丁队伍"双师型"；校企结合，工学交替重实践；厚德尚能，学用一体育专才。迢遥云路，学业事业同行；精彩人生，专业职业互动。

专业撷英者，萃吾校专业文化之精粹，藉百米长廊而展示焉。版块有八，色彩缤纷，乃八系专业之对应；模块分四，条理清晰，谓专业文化诸内容。理念之篇，凝练专业教育之思想；箴言之篇，精选专业文化之警句；知识之篇，介绍专业文化之历史；名师之篇，饱览专业名师之风采。视窗虽小，福地洞开；视角虽微，秀色毕备；实乃朗朗文明之窗、悠悠岁月之门。观之可彰行业价值之观念、强行业行为之规范、去固守一隅之积弊、扬自强不息之雄风！

鹰击长空，百花争鸣，专业撷英，百年商专。

专业撷英 林晓波

育人于无形　润物细无声

◎ 陈增明

从大学文化传承创新的新使命出发相应配套建设校园文化环境，是我校校园文化建设基本思路和特点。"专业撷英馆"便是我校最早建设的文化环境之一。该馆以系为单位共设八个板块，每一板块又细分为"理念篇、箴言篇、名师篇、专业篇（知识篇）"四个模块，作为全方位集中展示我校专业文化建设的重要载体，以厚植的专业文化濡养师生，用崇尚廉洁理念造就优秀品质，独特的专业文化正发挥以德育人的功能，从培养满足经济社会发展需要的高素质技术技能型人才出发，更加注重学生责任感的培育和学生团队精神的打造，无形的专业文化已融入到专业建设上，在润物细无声中不断传导先进职业教育理念，使教师的教学、科研、社会服务的水平不断提高，使学生的个人道德素质得到提升，未来职业素养得到陶冶。

一、全方位传导先进职业教育理念

理念引领发展路，目标导向路径明。发展现代职业教育，既是目标，又是内涵，在诸多"现代"元素中，理念的现代最为关键。全国职业教育工作会议、习近平总书记批示、李克强总理讲话、国务院印发的《关于加快发展现代职业教育的决定》、教育部等六部委联合印发的《现代职业教育体系建设规划》无不传达现代职业教育的新理念。坚持工学结合、知行合一，坚持产教融合、校企合作；走校企结合、产教融合、突出实战和应用的办学路子，依托企业、贴近需求，建设和加强教学实训基地，打造具有鲜明职教特点、教练型的师资队伍；推动实现职业教育与经济社会同步规划，职业教育与产业升级同步实施，职业教育与技术进步同步升级……

专业撷英馆之"理念篇"，凝练专业教育之思想，内容涵盖"育人目标、办学模式、系训、系风、学风、教风、精神"等要素，这些要素蕴藏极其丰富的办学理念、态度和作风，是长期办学的积累并不断升华而形成的，从中可以看出福建商专始终紧扣不同时代的人才培养目标树立先进职业教育理念，既有传承，又有创新。第一，亲产业。坚持立足应用，面向区域，对接产业，错位发展；第二，接地气。构建以校地互动、产教融合、校企合作为核心的办学模式；第三，重应用。改革课程体系，突出实际应用和技能操作，做到专业群、人才培养链、人才培养规格分别与产业群、产业链、企业岗位需求相匹配；第四，谋特色。实施"闽商素养"工程，坚持走专业素养与人文素养相结合之路，形成独特的

"品""行"教育特色。学校认真以先进职业教育理念为指导，科学定位，积极致力于构建人民满意的示范性高等专科学校，使其具有"先进的办学理念、智慧的教育思想、敬业的教师队伍、科学的课程设置、仿真的实训基地、深度的校企合作、成功的学生群体"。

二、全视域展示师资队伍建设风貌

大学之大，不在于大楼，而在于大师；有一流的教师队伍才有一流的教育质量……师资队伍是学校建设之根本。学校未来的发展目标将建设成为应用技术型商科类本科院校，以10 000人在校本科生规模作为基数，以1∶18配比，需要教师总数约为550人，缺口达一半；按高级职务教师占专任教师比例的30%计算，高级职称教师占比尚有差距，师资队伍建设任重而道远。

专业撷英馆之"名师篇"，集中展示我校专业带头人、骨干教师在教学、科研、社会服务等方面的风采，并通过这一"窗口"全视域展示我校师资队伍建设情况，呈现以下三"不断"。

第一，师资队伍不断增强，风采亮丽。学校坚持引进与培养并举，师资队伍水平显著提升，职称、学缘、年龄结构不断优化，高水平专业教学团队大量涌现，为学校事业发展注入了强劲动力。学校现有专任教师275人，正高职称26人，副高级职称87人，硕士学位教师190人，博士学位教师18人，享受国务院政府特殊津贴专家3名，新世纪百千万人才工程省级人选1名，国家级教学名师1名，省级教学名师11名，省级优秀教学团队3个，省优秀教师3名，省青年杰出人才1名，省工艺美术大师2名，硕士生导师4名。在师资队伍中，专业带头人、骨干教师是中坚力量，是专业的主要设计者和建设者。学校重视专业带头人、骨干教师队伍的建设工作，颁布并实施《专业带头人培养与管理办法》《中青年骨干教师培养与管理办法》等文件，学校现有专业带头人33名，其中省级专业带头人8名，骨干教师70名，他们在学校人才培养工作水平评估、示范性院校建设、质量工程项目建设、专业建设和发展、教学团队的建立等方面发挥重要作用。

第二，科研实力不断提升，成果丰富。2010年以来，学校教师共承担国家社科基金项目1项、教育部人文社科项目3项、省软科学项目4项、省社科项目19项、省自然基金项目2项，以及省科技厅、省教育厅A、B类项目50多项，同时，承担横向课题13项。2010年以来，我校教师以第一作者身份在学术刊物上发表500多篇。2008年以来，我校教师出版专著19部，主编或参编教材86本。科研成果丰富，屡获嘉奖。2009年以来，获国家级教学成果二等奖1项，省级教学成果特等奖1项，一等奖3项，二等奖2项，福建省第九届社会科学优秀成果一等奖1项，第十届社会科学优秀成果三等奖2项，中国高等教育学会优秀研究成果三等奖1项，4

部教材被列入国家"十二五"规划教材。

第三，社会服务不断拓展，效果显著。学校充分发挥"福建商贸职业教育集团"这一平台以及"海西中小企业管理"和"海西休闲旅游"两个福建省高等学校应用文科研究中心的职能，积极承担企业职工岗前培训、转岗培训、职业技能提升培训等任务，主动适应企业提高职工技术技能水平的需要。近几年，我校已先后为福州东百集团、三坊七巷、晋安区旅游局、西方财富酒店、泉州经贸会、中国抽纱福建进出口公司等数十个企事业单位开展培训工作。会计系、经济贸易系、旅游系连续多年承担省教育厅的中职骨干教师的培训任务，得到学员的广泛好评。学校积极开展送教入企，开办了长乐上海商会组织的长乐在上海的部分企业家及企业高管的北京语言大学网络教育学历班和长乐的部分企业家及几个大型企业管理人员的北京语言大学网络教育学历班，着力培养知识全面、素质过硬的行业领军人才。

三、全景式俯瞰专业建设成长历程

专业是实现学校与社会连接的"通道"。专业撷英馆之"专业（知识）篇"则对专业历史典故、文化渊源、发展历史以及发展前景等进行全面介绍，通过这一"窗口"全景式俯瞰专业建设情况。从自身发展形成的积淀而言，百年商专，筚路蓝缕，无论是从成立之初的商业中专，还是逐渐发展壮大成商业大专，亦或是今后的进一步发展以"商科"为主干的商学院性质的应用技术型商科大学，学校始终都循着"商"与"专"的路径成长与发展。

从1906年成立之初到1984年，福建商专经历了78年漫长的"中等职业教育"发展阶段。"福州青年会书院"办学时期（1906年）设置农工商业、会计、裁缝、手工等课程及实习工厂和农场，首开福建职业教育先河；"青商""福建省立高级商业职业学校""福州商业学校"等办学时期，开设商业科、会计科、银行科及运输科等专业，培养大批专家、学者、革命志士、实业家。新中国建立后，中专教育顺应了我国经济发展需要，为服务于新中国经济建设，开设了财务会计、计划统计、企业管理、金融、外贸等十多个专业，为经济领域输送中级技术、管理人才。学校始终以"中专"形态傲立于福建商科学界，并始终不渝秉承"商"的传统，侧重商科知识的培养及应用，重视学生的品德素养，培养出活跃在各个工作岗位上的三万多名"第一学历"为"中专"层次的莘莘学子。

1984年沐浴着改革开放的春风，"福建省商业学校"正式升格为"福建商业高等专科学校"，开始了"大专"办学历程。学校进一步继承和发扬优良的"商科"办学传统，大力推进专业教学改革，重三基、严要求、讲实践，培养学生一专多能，造就高素质、高技能型专业人才，从升格"大专"以来培养出的三万多"第一学历"为"大专"层次的商专学子历来深受用人单位和社会青睐。进入新世纪以来，学校围绕自身办学定位、人才培养目标定位、区域经济社会发展以及现代服务业发展的要求，从"三维角度"适时调整优化专业结构与布局，强化"商科"办学特色，使专业设置更加适应社会经济发展趋势，有效形成基地、教学、科研、招生、就业"五位一体"的办学模式，实现高素质技术技能型人才"零距离"上岗。学校目前形成了以商为主，多科兼容的专业设置格局。9个专业大类，37个专业皆以商贸类行业为依托，既具有商科特点，又具有时代特色，符合学校定位和服务面向的要求。第一，提高专业与区域经济与社会发展的契合度。学校根据海峡西岸经济区经济与社会发展尤其是现代服务业发展的人才需求，按照"集中资源、突出重点、强化特色"原则，依据区域现代服务业、现代旅游业、物联网产业、文化创意产业等重点发展领域和战略性新兴产业对高职人才需求，通过"上、下、扩、控"，加大传统专业改造和调整力度，积极申报适应社会需求的新兴专业，为区域经济建设和社会发展提供强力支撑。第二，加大专业建设的跨界交叉融合度。学校以现有重点建设专业为基础，打破系间壁垒，发挥自身优势，进行专业战略结构调整和优化重组，重点打造会计、国际贸易类、工商管理类、旅游管理类、现代艺术传媒类、信息技术类六大相互促进、相互融合的专业群。同时不断开拓校企合作的新天地，尤其是通过打造"校企合作、校际合作、社会服务、对外交流"四大平台，形成办学特色。第三，拓展专业建设的纵深度。以高水平的重点专业建设为龙头，带动专业建设向纵深推进。学校建有省级示范专业5个，省级精品专业6个，教育部、财政部"高等职业学校提升专业服务产业发展能力"项目两项。在福建省高职院校专业质量建设评价中，我校财务会计类、财政金融类、经济贸易类、工商管理类、旅游大类、公共事业大类、广播影视类7类17个专业获得第一名；语言文化类、艺术设计类两类7个专业获得第二名；市场营销类、轻纺服装类两类3个专业获第三名；计算机类两个专业获第八名。经过长期的不断建设和积淀，学校的主体专业办学水平和实力处于全省同类专业的前列。

立足当下，展望未来，从专科学校迈向更高层次应用技术型商科类本科院校，既是体现学校主动适应国家战略和经济社会发展对应用型人才的需求，同时也是全体商专人的梦想。商专百年发展史，实际就是一部百年职业教育发展史。既有历史传承，又有创新思维。为此，站在本科院校历史新起点，百年商专的专业设置应围绕"商"科特点，处理好前瞻性和现实性关系，根据区域产业结构的转型升级结合当下与未来的需要开设专业；处理好全局性和局部性关系，根据海西建设的整体布局服务于社会发展的需要科学设置专业；处理好专业设置与专业引导的关系，兼顾地区产业结构和学校自身办学条件的因素，稳步推进专业优化；处理好主体专业和辅助专业的关系，重点打造会计、工商、经济贸易等龙头专业，成为福建省引领性的专业，又要办好旅游休闲、商务英语、新闻传播、信息技术、商业美术等重点专业，还要探索建设新兴专业包括"工程"兼容的专业，通过二级学院建设、项目合作等方式促进新兴专业的发展；处理好职业性和通识性的关系，在专业设置时既要满足学生能够学有一技之长满足职业岗位的需求，也要坚持以人为本，加强高等教育与终身教育的对接，让学生在专业学习中具有可持续发展的潜力，为未来幸福人生做好铺垫。

四、廉政馆

张雄伟　摄

廉 赋

◎ 杨晓颖

天地存浩气，乾坤有正道。士之贞曰廉，人以洁为本。廉介公正乃官之大德；雅尚高洁为民之至善。无怪乎：君子如竹，虚心直节不淫富贵；志士若梅，凌霜傲骨无惧严寒。

稽其茫茫古今，览乎赫赫杰英。溯自黄帝，亲授六禁启廉之源；爰及周公，身教明德施廉之政。诸子百家，哲思灿若星汉，俭为共德；盛世几轮，政典浩如烟海，廉为精要。子罕拒玉，载千秋美誉；杨震却金，赢万世敬仰。名相魏征，喻君如舟直谏闻天下；青天包拯，视民为本明镜悬人间。于谦轻欲，徒留两袖清风；海瑞洁己，终得一身正气。林公虎门烈炬，喋血报国无欲则刚；曾公宦海浮沉，勤俭传家有节乃高。以史为鉴兮，可以知兴替；以廉为镜兮，可以正人心。

前贤可瞻，覆辙亦鉴。社稷破卵之灾，皆朝政荒芜，己身碎骨之殃，常祸起贪腐。商纣、杨广，淫逸造极可以灭国；赵高、刘瑾，骄奢之至终致亡身。和珅黩货，富甲一方遭万世唾弃；严嵩揽富，权倾一时负千秋污名。临渊止步，以免蹈水自溺；见利眼开，必然引火燃身。

古存典范，今有楷模。润之公正，拒亲属封爵，权位轻若微尘；翔宇端方，却衣食过度，名利淡如浮云。革命志士焦裕禄，鞠躬尽瘁，以爱载民；百姓公仆孔繁森，正巳卒属，正声卓著。浮华之下，安贫乐道；红尘之中，清心寡欲。

世道清明，民心之所向；社会公平，众望之攸归。依法治肃贪祛腐，惩在事后；文化倡廉，遏于发端。凳筑廉馆，民沐惠风。小品印语，形式别具；哲语格言，义理纷呈。崇廉尚德之渊薮，修身正心之圣境。翰墨飘香兮，愿藉清风拂一方净土；篆音传情兮，犹警钟鸣万里长空。

"三结合"打造高校廉政文化的有益尝试

◎邱晓青

廉政文化，是人们关于廉洁从政的思想、信仰、知识、行为规范和与之相适应的生活方式和社会评价，从根本上反映着一个阶级、一个政党的执政理念、执政目的和执政方式，是廉洁从政行为在文化和观念上的客观反映。而校园廉政文化则是指在校园文化建设中传播廉政知识，弘扬廉政精神，用廉政信仰陶冶师生员工的情操，推动人们形成良好的廉政修养、政治道德和思维方式，营造公平、公正、和谐的育人环境。高校廉政文化是高校自身软实力的重要组成，所以，必须着力加强高校廉政文化建设。福建商专为扎实有效地推进廉政文化进校园，在我校新校区设"廉政文化展示馆"，设立廉赋文化涵养、廉政翰墨滋养、廉政书刊教养、廉政视听修养、廉政集萃护养五大板块，努力打造高校廉政文化，也为学校各方面科学发展、跨越发展提供精神动力和文化支撑，且具有自身的特点，主要从以下三个方面来看。

一、品廉结合，彰显廉政文化魅力

"廉政文化展示馆"的品廉结合主要体现在把廉政文化与师生的品德教育相结合。高校承担着培养人才、创新思想和服务社会的重要职能，是文化聚集、传播之地，高校廉政文化建设的核心内容在于使高校教师、干部和学生全员参与到廉政活动当中来，努力做到教书育人、科研育人、服务育人、管理育人、环境育人，构建具有高校特点的廉政文化氛围。教师作为传道授业之人，自身的品德对学生的影响是直接且重大的，我们倡导的高校廉政文化，就要结合品德教育进行。因此，学校"廉政文化展示馆"以百年商专赋、廉赋这一传统形式，阐述历史以来正反廉政事例的警示，抒发加强廉政建设的意义，表明强化廉政文化建设的指向和态度，涵养广大师生。以"中国梦"、师德师风建设和群众路线教育展板为载体，细数古今廉人廉事，倡导谦谦君子之清风、知耻责己之清白、忠诚爱民之清正、人际交往之清雅、勤政廉政之清苦，通过廉政文化集萃，营造一种校园廉政文化氛围。"廉政文化展示馆"中不仅有领导人谈立德树人、还列举许多著名教育家作为楷模，如商校的开创者黄乃裳先生一生十分重视教育事业，兴办实业职业学堂，以振兴中华；他倾尽毕生之力，为办教育、开民智、兴中国而不懈努力。陈嘉庚先生，著名的爱国华侨领袖、企业家、教育家、慈善家，投身教育事业，创办多所学校，陈嘉庚先生"一诺万金"的信誉更应是学生以后无论在工作还是创业中必须学习的品质，他说："国家之富强，全在于国民，国民之

教圃文心——福商校园文化读本
JIAOPU WENXIN——FUSHANG XIAOYUAN WENHUA DUBEN

发展，全在于教育，教育是立国之本"。他自己一生过着非常俭朴的生活的但为国家和民族兴学育才始终如一地慷慨输捐，陈嘉庚先生"对于轻金钱，重义务，诚信果毅，疾恶好善"的精神品质值得世人学习。另外，还有把一生都献给了孩子、祖国和人民，献给全社会和全人类的冰心。有了爱就有了一切，冰心老人把她的爱播撒世界，这是何等崇高的品质，作为高校教师应该向冰心老人学习，拥有"一片冰心在玉壶"的情怀，把学生当作自己的孩子，孜孜不倦，像一盏"小桔灯"引导学生走好未来的道路。因此，高校教师应该把"立德树人、教书育人、学为人师、行为世范"作为自己的座右铭，努力做好学生健康成长的指导者和引路人。这些名人、教育家的崇高品德以及人格魅力是广大师生学习的好榜样，拥有廉洁崇高品德是廉政的前提，品德教育是廉政文化建设的基础，两者相辅相成。

二、书画结合，展现廉政文化功力

书画结合主要体现在以书法、小品画以及篆刻的形式来展示廉政文化的内容，并且广大师生共同参与廉政书法和廉政作品的创作，展现的不仅是我校师生在书法、绘画、篆刻方面的功力，更体现了廉政思想普及的功力。高校廉政文化建设是全社会文化建设的重要组成部分，是学校管理和人才培养的重要保证，加强高校廉政文化建设意义重大。高校廉政文化建设是培养具备廉政文化素质人才的需要，但目前高校廉政文化建设的广泛性和针对性不强，缺乏渗透力，仅有一少部分人接受廉政理念、参与廉政文化建设是很不够的，做不到大众的参与必然会影响廉政文化建设的效果。一些高校的廉政文化建设主要针对学校各级党政领导干部开展，没有使教师和学生充分参与其中，不利于整个校园廉洁氛围和心理基础的形成。福建商专"廉政文化展示馆"把丰富的文化形式与廉政思想的具体内容结合起来，创造校园廉政文化氛围，充分调动了我校师生的积极性，以我校师生创作的廉政书法、绘画及篆刻作品为载体，内容包括郭银土教授创作的小品画、叶林心篆刻工作室师生的篆刻印章、师生书法书画等，通过用翰墨书写廉政文化的内涵，达到滋养师生廉政精气神的目的。这种利用书画创作来展现廉政文化的形式不仅使师生参与其中，师生在创作过程中也能更深的体会到廉政文化的内涵，推动廉政文化进校园、进教材、进课堂。而且这种书画的形式比较形象生动，不至于太枯燥，易于被广大师生理解接受，墨香廉香相互融合，有利于校园廉政文化氛围的形成。把廉政文化建设融入大学生专业学习的各个环节，渗透到教学、科研和社会实践各个方面，对于大学生来说具有现实意义和深远的政治意义，大学是青年一代人生观、世界观和价值观形成的关键阶段，在大学生中传播廉政知识、廉政要求、廉政理念等价值取向，弘扬廉政精神，增强大学生自觉抵制各种错误思潮和腐朽思想侵蚀的能力，对于学生优秀品质的养成和未来的发展都具有重要的意义。因此，学校"廉政文化馆"用书画形式传导出的价值观念、道德修养、敬业精神、人格品德、廉洁操守等教育内容，易于被学生理解和接受，进一步扩大廉政建设的参与面，展现廉政文化普及的功力，增加校园文化的内涵，提升校园文化的品位，为师生提供一个崇尚廉洁的道德空间。

三、动静结合，焕发廉政文化活力

"廉政文化展示馆"的"动"主要体现在两个方面，一个是所展出的廉政书画作品、书籍、宣传板块等是时时更新、不断补充的。当前结合中国梦的主题，时效性强，结合整个社会的主流思想，也起到事半功倍的效果，与时俱进，不断注入新的内容。另一个"动"是通过开设廉政讲堂、业余党校、观看廉政视频等有声的形式来进行廉政文化教育，与学生进行互动，把廉政教育与业余党校相结合，两者相互促进，使廉政教育有声有色，不断充满活力。以廉政讲坛和业余党校为载体，通过开设讲座，观看党风廉政建设相关的视频，丰富与提高廉政讲堂和业余党校活动的内涵和层次，教育和引导广大师生树立正确的世界观、价值观、人生观，进而做到自重、自省、自警、自励，通过廉政视听和业余党校的修养，达到个人廉政品质塑就的目的。把廉政活动与党员活动相结合，使大学生在实践中吸收廉政文化营养，增长廉政文化知识，树立廉政从业观念，增强高校廉政文化渗透力。把廉政文化与思想政治教育结合起来，开展廉政文化"三进教育"，坚持课堂教学、主题活动、课外活动的有机结合，通过多种途径、多种活动进行廉政文化的教育和渗透，使学生在潜移默化、润物无声的浸润中，树立廉洁的意识和观念。另外，"廉政文化展示馆"还有各类廉政文化书籍报刊，内容包括古今中外廉政文化书籍，中央、省委、省教育工委和省教育厅党风廉政规范，近年报刊有关廉政内容的报道评论，师生还可以通过翻阅这些廉政书籍，达到丰富师生廉政教养的目的。这种动静结合的形式，是对学生进行廉政文化教育的创新方式。

综上所述，我校各种形式的廉政文化内容丰富、形式多样，形成廉政教育的系统性，把廉政教育与师生品德教育结合起来，不仅仅是进行法制教育，更有助于建立良好的师德师风，以及引导学生树立正确的世界观、人生观和价值观。把廉政教育与优秀传统文化教育结合起来，把民族精神教育与中国梦的时代改革精神教育结合起来；把廉政教育与日常教学实践结合起来，把廉政文化建设与育人工作相结合，通过整合各种文化教育资源来加强育人工作，形成合力，涤荡校园风气，净化校园环境，不断推进校风、教风、学风和管理作风建设，强化教书育人、管理育人、服务育人职责，构建和谐校园，可以形成良好的育人环境。做到入神入心入脑；时刻保持清醒头脑，慎始慎终慎独；形成一股浓厚的校园廉政文化氛围。

君当如竹 清廉修身

廉赋 黄晓丹

五、书法馆

张雄伟 摄

教笺墨韵

◎ 黄跃舟

　　教笺者，古今教育之箴言也；墨韵者，华夏精华之书法也。以书法之笔墨神韵，记载文明漫漫足迹，书写业师孜孜精神，描绘教海滔滔情怀，传递人生深深哲理，此教笺墨韵之主旨也。

　　煌煌中华，东方古国；文脉绵长，教泽悠远；昔有圣贤开教化，今有园丁育桃李；传道授业解惑，明经开智析理；有教无类，因材施教；巍巍然聚八方浩气，郁郁乎纳百代芳荃。夫墨香绵延，缕缕不息；溯源于文明滥觞，成熟于秦汉魏唐。岁迄今朝，书坛辉光四射，俊雅辈出不穷。

　　书道传神，唯精唯妙，上可演乾坤之大，下可绎人心之微。今集大家佳作百件，或古雅浑穆、圆润遒凝；或恣肆酣畅、奇宕洒脱；或清隽华美、秀劲峻健。真草隶篆诸体皆备，王颜米赵风格各异。笔情墨趣，尽显风神骨气；布局章法，蕴藏悟妙玄机。

教笺墨韵　郑书丹

　　翰章之妙，不可言状；教无古今，质沿古意；文变今情，传承开新。凝神于瞬间，驻足乎醇美；纵览万千气象，体悟幽情奥理；秉传统之精粹，弦歌不断；崇先贤之美范，薪火相传！

高校校园文化建设视角中的书法文化

◎马启雄

书法作为中华民族优秀的文化遗产之一，被誉为"中国文化的核心"，认同这种观点的，不仅书法中人，那些国学大师、美学大师等都大有人在，如梁启超、宗白华、林语堂、蒋彝、邓以蛰、沈尹默等。当代学者熊秉明先生更是把书法列为"中国文化核心的核心"。由此可见，书法就其文化内涵而言，绝非"小道"或"小技"，而是能够表达中华文明的重要载体，在信息化的当代社会，它不但不是过时的东西，相反，其深刻的内涵在得到充分挖掘和提炼后，对当今社会仍有着巨大的"成教化，助人伦"的作用。

百年商专肇始于清代光绪三十二年的福建官立商业学堂及福州青年会书院，其创办者帝师陈宝琛及实业家黄乃裳等，在国家积贫积弱之时，肩负民族未来前途的使命，力求教育兴国，振兴中华。百年沧桑，在一代代商专人的共同努力下，学校为社会培养出一批批优秀的人才，办学水平不断提高，并形成良好的校风、教风、学风，校园文化建设也稳步推进。商专人秉承"明德诚信、勤敏自强"的校训，为之奋斗不息，形成了践行"恭、宽、信、敏、惠"的校园文明与文化传统和"三手一口"的校园特色传统。所谓的"三手一口"，是指一手好字、一手好文章、一手好算盘和一口流利的普通话。

迈入新世纪后，商专进入快速发展期。尤其是新校区的建成，为提升学校的办学水平和校园文化建设提供了广阔的空间。学校办学的优良传统得到进一步的发扬，校园文化建设有了质的飞跃，许多新的校园文化理念逐渐深入人心，滋润着商专人的精神，美化着商专人的心灵，并成为商专学子在校求学时重要的精神补充和走出校园后对母校的深刻记忆。福建商专书法馆的建成，把"三手一口"中"写一手好字"的传统特色，提高到一个新的层次。它不但保持并发扬了"写一手好字"的传统特色，甚至赋予了这一特色新的内涵，把校园文化的这一特色点提升为一个立体的特色空间，并重新阐释了书法这一传统文化形式在高校文化建设中的意义。书法馆的特色可概括为以下三点。

一、书法内涵深厚

福建商专书法馆的建立，是从当下高校校园文化建设的总体要求布局，结合百年商专的历史和地域特色来设计，其内容均统辖在一个大的主题范围，即采集古代与教育相关的章句或联语作为书家创作的内容，其出处亦多为古代典籍如《尚书》《大学》《论语》《中庸》等。许多章句大家耳熟能详，如"大学之道，在明明德，在亲民，在止于至善""为天地立心，为生民立命，为往圣继绝学，为万世开太平""天行健，君子以自强不息"等。这些内容在这里通过书法作品的形式（而非从书本上）阅读，让师生（观众）在另一种形式和环境下赏会，并从中感悟其中的内涵，同时获得一种心灵性极强的视觉的愉悦。其中的教化内容与视觉作品的形式，不仅适应了当下读图时代的节奏，同时营造了一种传承民族优秀传统文化的氛围。

从书写创作的内容看，其类别也可以细化成多种，有舍生取义、见义勇为的英雄气概的；有敬业乐群、公而忘私的奉献精神的；有公正无私、嫉恶如仇、诚实笃信、戒奢节俭等修身之道的；有"天下兴亡、匹夫有责"的爱国精神的；有"富贵不能淫，贫贱不能移，威武不能屈"的浩然正气的；有以天下为己任的社会理想的；有"先天下之忧而忧，后天下之乐而乐"的崇高志向的；有"己所不欲，勿施于人"的处世之道的，等等。这些内容对于塑造大学生的人生观、价值观具有非常积极的作用。同时，也进一步拓展了百年商专的校园文化内涵，与我们倡导的"恭、宽、信、敏、惠"的人生理念一脉相承。另外，书法内容还突显学校新校区的地理位置特点，挖掘特定内容，如新校区位于古代学子赴京科考的必经之路，此地恰有六棵历经沧桑的大榕树，学校再从老校区移植一棵，一共七棵古榕树，此举有为新校区带去希望和融入新环境之寓意，再以"浙闽孔道登龙路，七星北斗栖凤台"的联语嵌之。其含义之深、其表达之贴切顿时使学子激发丰富的联想，对这里的地理环境产生全新且更深刻的理解，并可能对自己的未来产生很好的憧憬与追求。以上这些内容的设计与安排，都体现了商专书法馆在文化内蕴上的独特性与唯一性，它赋予百年商专新的文化内涵。

二、书家内力深厚

福建商专书法馆中的作品，除了其内容的丰富与深刻，在书家遴选与邀请上，也有其独到之处。

首先，它不是采用向社会公开征集的方式来收集作品，而是向省内的一百名有成就和有一定社会影响的书法家邀请创作。这种邀请的创作体现了学校对于创作作品质量的高要求，从某种意义上说，它是一种有针对性的收藏。这些作者绝大多数都是中国书法家协会会员，个个水平都非同一般，他们创作的作品，其价值和影响可想而知。

其次，创作书家在年龄分布上，并没有一个统一的规定，而是老、中、青都包含其中，关键以书家的创作水平论。作者中，有在全国诗词书法界影响很大的现龄九十八岁的老书法家赵玉林先生。赵老在诗词书法界享有崇高的声誉和名望，是公认的闽中文坛书坛的代表人物之一。其晚年书法一如其诗，豪迈清奇，骨力洞达，在用笔和布白上的经营上已臻炉火纯青之境，翰墨所至，一派天成。

作者中更多的是代表福建最具创作实力的中年书法家群体，他们在几十年的锤炼中，逐渐形成自己的风格。同时，他们年富力强，视野广阔，对当下全国书坛的走向有自己的认识和理解，他们的作品风格明显，笔力深沉，整体的把握都老练自然。另有一部分青年书法家，他们大多是近年在全国书坛崭露头角的新作者，他们的作品富有活力与激情，朝气蓬勃，同时与当下的创作方向结合紧密，是福建书法的未来，是代表福建书坛最具活力的一个群体。

再次，从书家的社会角色和师承学力来看，作者中有在文史研究单位的文化学者专家，有在书画院从事专业创作的书法艺术家，有在高校从事书法艺术教学的资深书法教育专家，还有专业从事书法艺术创作的职业书法家。许多作者还具有国内专业艺术院校书法专业学习背景等。

虽然书法作品创作完成后是一件独立的艺术作品，但从更全面深入的视角来欣赏考量，书家的功力、师承、性情和修养等，无不在作品中得以体现。对书家人品和书法作品的全面观照，才能使欣赏与学习更全面、更深刻、更立体。

三、书体内蕴醇厚

书法馆的百件作品，除了以上所说的书法内容多样和书家水平功力深厚以外，从书法的字体来看，也是一部反映书体发展脉络的整体面貌的史著。书法中的篆书、隶书、楷书、行书、草书一应俱全，甚至甲骨文也包含其中，这种书体的丰富，能令受众在观赏的同时，领略汉字各个历史时期字体的面目和书法家的个人发挥。正书与行草之间的变换，在客观上调节了欣赏的节奏，同时普及了书法字体的知识。甲骨文的神秘，能让人对中华文化的源头作一思考，并产生无比崇敬的精神洗礼；篆、隶书的内劲与阳刚、古拙与端严，无不体现出战国、秦汉时期的气格；行草书的率性与灵动，让人在变化与统一的矛盾中感悟人生。每种书体有其产生的时代背景，每件作品有每件作品创作作者的个人才情的表达。这些都构成一部立体的书法美的空间与精神世界。

以书法馆为核心的福建商专书法文化特色教育，其意义在于以点带面，以有形带无形，真正落实并扎实推进书法在师生成长中的成教化、助人伦的作用。同时，在书法馆外的校园各个角落进行了一系列的拓展，使之有别于一般高校中的孤立的展览馆或展厅，而是形成一个真正能够随时随地、潜移默化中影响人的书法环境文化。学校的各种空间，如教学空间、阅览空间、会议空间、办公空间、馆藏空间、休闲空间甚至室外的各个广场及校园文化长廊、世界名校和211大学的校训墙，都充满翰墨芳香，让师生随时沐浴在传统书法文化的氛围中，在这样的文化环境中学习与工作，耳濡目染，潜移默化，熏陶出商专人特有的素养和气质。

在教学方面，福建商专根据学校培养人才的定位，组织教师编写出特色独具的书法校本教材四部，其中楷书基础一部，行书三部。楷书以用笔和间架结构教学为主，力求为学生"写一手好字"打下良好的技能基础；行书则以被誉为中国书法史上天下三大行书的王羲之《兰亭序》、颜真卿《祭侄文稿》、苏东坡《黄州寒食诗》为本，在技法层面和文本内容，以及历史纵向继承与评价等立体的书法教学中，以书家的人格魅力，书作的文采内力、书法的审美功力与书法馆的特点遥相呼应。一个是用古代的名家名作教学，一个是以当代的名家书写的经典章句影响，形成另一种穿越历史时空的师生涵养空间。

　　总之以上这些措施，再配合平时常规化的师生书法展示、交流与比赛等活动，以及校学生社团翰香书法社的每周常规学习指导和相关公共选修课的开展，使书法文化在校园的影响面之广、影响程度之深都呈现了一个前所未有的局面。

六、校务馆

张雄伟 摄

校务传馨

◎黄跃舟

夫校之为园也，桃李成蹊，人才摇篮；师之为父也，励学敦行，呵护成长。

欣逢盛世，新区乃竣；人气兴隆，风云际会；校园气象，刚柔济美。破旧之管理模式，势在必行；创新之服务平台，迫在眉睫；办人民满意之教育，育社会需要之人才；以生为本成理念，校务传馨应运生。其功能也，教育之阵地、咨询之窗口、办事之平台，学生之家园；其特色也，方便集中"一站式"、规范运转"一条龙"、高效快捷"马上办"；其宗旨也，方便学生办事，解决学生困难，维护学生权益，促进学生成长。

校务传馨，服务当有情；重心下移，工作需前置；服务育人，相应两结合；管理监督，相互宜协调；接待有爱心，交流有诚心，倾听有耐心，受理有细心；答疑解惑春意暖，排忧济困见真功；沐新风而振奋，肩重任而道远；顺应时昌，写和谐新诗，同德一心，创锦绣前程。

校务传馨　林立群

文化解读

福商孕良机　校务喜传馨

◎李晓佳

　　欣逢盛世，新区乃竣；人气兴隆，风云际会；校园气象，刚柔济美。为服务学生而设立的"校务服务中心"被誉之以文化意味浓厚的"校务传馨"之名。校务传馨馆由党委工作部、校长办公室、教务处、财务处、学生工作处、校团委、后勤管理处、保卫处、图书馆、工会等成员单位组成，按照"规范、便捷、高效、大爱"的宗旨，实行"一个窗口受理、一条龙服务、一站式办结"的运作模式，深入开展行政管理服务活动，大力实施管理精细化、服务标准化、运行规范化和保障高效化建设，为学生提供党团、教务、财务、后勤、心理健康、职业生涯规划与就业指导、法律服务和咨询，在师生间搭建更加直接、更加有效的沟通桥梁，不断提高学校行政后勤服务水平。自从校务传馨馆启动以来，学校始终如一，自始至终地坚持三"传"，让一个个"小窗口"演绎出"大服务"。

一、传导"服务育人"的教育思想

　　服务是指为他人做事，并让人从中受益的一种有偿或无偿的活动。高校行政后勤服务工作是以自身的优质服务为前提，寓育人于服务之中，使服务育人的内涵蕴含服务行为、服务形象、服务环境、服务规范，并通过这些内容教育约束服务对象，从而传导基本的社会公德、文明行为习惯和良好的学习、生活习惯，在潜移默化中对学生产生积极有益的影响，使之养成正确的世界观、人生观、价值观，形成良好的心态和精神风貌。教育家加里宁说过："教育者影响受教育的，不仅是所教的某些知识，而且还有他的行为、生活方式，以及对日常现象的态度。"行政后勤服务作为高校有效运转的重要组成部分，在实现办学目标、完成教学任务和保障学生学习等方面起着重要作用，行政后勤服务的好坏直接影响学生的衣食住行、关系到人才的培养质量，其职责包括：服务教学、服务科研、服务学生。所谓服务学生是要满足学生必要的生活、学习、住宿条件，使广大学生能愉悦地学习、欢畅地交往和惬意地生活，使学生通过接受学校的优质服务受到涵养、熏陶等。

　　"服务"是手段，"育人"才是目的。"服务育人"是行之有效的教育方法。服务育人，广泛渗透于学校的教学、科研、管理、后勤保障等各个方面、各个环节之中。雷锋说："人的生命是有限的，可是，为人民服务之中去。"行政后勤服务工作应根据新形势、新任务的要求，充分认识搞好行政后勤管理对"服务育人"的重要性。百年福商以贵安校区建设为契机，改革破旧的管理模式，大力推陈出新，创建新服务平台。校务传馨馆正是以学校行政后勤服务工作转型为导向而创建，是适应大学现代管理制度改革的产物，是学校积极探索行政后勤服务制度的结晶。校务传馨馆是学校行政后勤服务工作从管理育人向服务育人转变的重要载体，贯彻落实了以学生为本、服务育人的理念，真正为学生解决了许多实际问题，并切实推动了全校教职员工更自觉地服务学生。今后将持续围绕"帮助学生成才、解决学生困难、方便学生办事、维护学生权益"为目标，进一步拓宽服务领域、充实服务内容、提升服务质量、完善服务手段，在实际工作中坚持从小事做起，从学生实际做起，从学校实际做起，稳步推进学生服务体系的建设。

二、传承"马上就办"的优良作风

"马上就办"是习近平总书记在福州工作期间提出的一种行政理念、精神和作风，它是一种民意表达，是人民政府为人民的具体体现，是与时俱进的时代声音。为深入贯彻落实党的群众路线教育实践活动，弘扬与传承习近平总书记在福州工作期间大力倡导的"马上就办"的优良工作作风，深化学校行政后勤服务机制改革，有效地加强教职工作风建设，百年福商把"马上就办"的优良作风引入高校行政，以校务传馨馆为新载体确保行政后勤服务各项工作快而有力推进，确保学校决策部署第一时间落实，做到雷厉风行、高效运作、说干就干，急事急办、特事特办、要事快办，全面增强执行力。在校务传馨馆运转中始终倡导求真务实、真抓实干的工作作风，坚决克服形式主义、官僚主义，在思想上求实、作风上务实、工作上踏实，对工作倾注心血，为事业燃放激情。在具体服务中大力增强高效服务、优质服务的工作理念，加强行政后勤部门效能建设，强化责任考核，严肃工作纪律，治庸治懒治散，不断提高行政后勤工作的效能和服务水平。

在校务传馨馆办公的各个部门把"以学生为本"的理念落到实处，全面实践"一线工作法"，做到工作在一线推动、问题在一线解决、矛盾在一线化解，为学生提供"一站式"办公和"一条龙"服务。按照首问责任制度既分工又协作，优化办事流程，提高服务意识，优质高效地做好学生的各项服务工作，真正做到"有疑必答，有问必回"，真正把学生当亲人，带着责任、带着感情、带着真心，千方百计把学生事务做深、做细、做实，实现"寓教育于服务，寓管理于服务"的宗旨，切实为学生成长成才服务，营造奋发向上、安全文明、团结和谐、讲求效率的校园文化氛围。

三、传递"大爱无疆"的奉献之歌

学校走过了百年的风雨岁月，既有创办者倡导"非以役人，乃役于人""我为人人、人人为我"的"大爱"理念，又有师承者发扬敢为人先、爱国奉献的精神。大爱是一种充满理性的爱，是一种既抽象又具体的人类情感现象，是人类最

高境界的爱。苏联著名教育家苏霍姆林斯基说："爱，首先意味着奉献，意味着把自己心灵的力量献给所爱的人，为所爱的人创造幸福。"教育的核心是育人，而育人的核心是践行"爱"的教育理念，其真谛在于尊重生命的存在和发展，在于对学生的一切负责。正如清华百年历史上四大哲人之一的梅贻琦所言："教育的发展不能没有大楼、大师，但是真正推动教育发展的动力之源不是大楼、大师，在此之外还有更重要的东西，那就是教育之魂——爱。"

学校行政后勤管理者传递"大爱无疆"的奉献之歌，一方面，应树立"不求回报"的奉献精神，善于发挥自身的主观能动性，以文明礼貌的服务态度、灵活多样的服务形式和无私奉献的服务品质乐于为教学科研服务、为师生排忧解难；善于活学活用富有合理和人性化的科学管理境界，以高尚的品质、敬业的精神与和蔼的态度让被管理者自觉自愿、心悦诚服地接受管理，耳濡目染、潜移默化地接受教育。善于创新服务方式，搭建服务平台，同心同德，形成全员、全过程、全方位育人的工作格局。另一方面，应树立"满怀大爱"的价值理念，时刻保持"爱生如子"的博大胸怀——既要像慈母一样，把"爱"无私地奉献给学生，又要像严父一样，把"严"无形地贯穿于服务育人的全过程，力求做到面向全体学生，不放弃一名学生，关心每一名学生成长成才的需求，让生命的火花充分燃烧，让智慧之美尽情绽放，让每一名学生尽显个人多彩的人生梦想。

"爱，无处不在"。校务传馨馆利用一切优质的资源，形成服务育人的合力，借助行政后勤管理者的一言一行培育好"大爱"的理念，做到"接待有爱心，交流有诚心，倾听有耐心，受理有细心""答疑解惑春意暖，排忧济困见真功"，在"仁者爱人""宽以待人"的氛围中形成善与美，建成和谐团结友爱的良好氛围，培育出福商"大爱之人"，让他们践行大爱，传承大爱，回报社会，成为践行"中国梦"的强大生力军。

校务传馨馆代表一种形象，更蕴涵着一份责任，每一个"小窗口"演绎出"大服务"。每一个行政后勤管理者从我做起，传递接力棒，传递正能量，积极培育和践行社会主义核心价值观，在平凡的岗位，书写非凡的人生，谱写了一首奉献之歌、大爱之歌。

七、艺术馆

张雄伟 摄

题记

瓷韵漆意

◎ 陈达颖

"瓷"文化深厚，乃"中国"精神之象征。瓷都"德化"盛产传统名瓷，以其具釉质透明、胎体轻巧、洁白如玉、素雅清新而腾誉环瀛。由德化工艺美术大师设计创作的名瓷"百子瓷踪"，以老子、孔子、墨子、荀子等教育名家为创作题材，造型各异、惟妙惟肖，艺术化地诠释了"因材施教""有教无类""教学相长""育才造士""教而勿诛"的理念，巧夺天工、意韵玄远。

"漆画"以"大漆"为艺术表现载体，其源于七千多年前的河姆渡文化，千百年来成为福州文化的重要代表，极具朦胧之美、神秘之美。由商业美术系教师创作的"百街漆画"，选取中国十大历史名街为创作蓝本，描漆似工笔之美、画漆似重彩之美、刻漆似版画之美、堆漆似浮雕之美、刮漆似油画之美、泼漆似水彩之美，典雅华滋、意味深沉。

百年商专、文昌教盛，校企合作、源远流长，福建网龙计算机科技有限公司钟情教育，慷慨出资百万之巨，促成"瓷韵漆意"艺术馆之盛举，体现了其作为一个创新型高科技企业的文化理念与教育情怀。斯大爱之忱，垂世流芳，遂援文题记，以励来兹。

瓷韵漆意 葛明芳

用创意让历史复活

◎邱晓青

　　福建商专始终坚持以文化的视角提升新校区的建设水平，在大开大合深化功能布局的同时，又着眼于通过建立各类主题博物馆来带动校园文化的发展。其中的"瓷韵漆意馆"更是国内首创，本馆所展出的主要是由德化工艺美术大师设计创作的以老子、孔子、墨子、荀子等教育名家为题材的"百子瓷踪"，以及由商业美术系教师创作的选取中国十大历史名街为蓝本的"百街漆画"，把历史人物和历史名街变成可以触碰可以观赏的具体实物，生动形象。瓷韵漆意馆充分展现了艺术性、知识性、教育性、对外性，是发展校园文化的又一个创新理念，也是学校进行对外交流的一个重要平台，充分体现了百年商专校园文化的多元性和丰富性，更加给百年商专增添了历史的厚重感。

一、艺术性："瓷韵漆意馆"的典雅之美

　　瓷韵漆意馆位于新区实验楼底层，在一片脆绿的竹林中若隐若现，水泥地面和墙面，未经任何粉饰，朴实典雅，不求妍美，展馆里面各个展柜依壁柱而陈列，让观众自由选择路线，静心凝神，投入追寻古人的踪迹之中，忘了空间，忘了时光，仿佛古人就站在你的面前，历史就从你眼前走过，那些光辉的思想，犹如洁白的瓷器一般熠熠生辉。由德化工艺美术大师设计创作的百子瓷器，其釉质透明、胎体轻巧、洁白如玉、素雅清新，造型各异、惟妙惟肖，艺术化地诠释了"因材施教""有教无类""教学相长""育才造士""教而勿诛"的理念，巧夺天工，每一件都是完美的艺术品。"漆画"以"大漆"为艺术表现载体，其源于七千多年前的河姆渡文化，千百年来成为福州文化的重要代表，极具朦胧之美、神秘之美。描漆似工笔之美、画漆似重彩之美、刻漆似版画之美、堆漆似浮雕之美、刮漆似油画之美、泼漆似水彩之美，典雅华滋、意味深沉。因此，从展馆的布置和展品的美轮美奂，无不渗透出极高的艺术价值，那一刻我们仿佛看见古人在春秋战国的月光下遐想，转眼已是千年，几代人的思想延续、智慧之光在历史的长河中闪耀，给参观者一场震撼的视觉盛宴。

二、知识性："瓷韵漆意馆"的智慧之光

　　百子瓷器的创作以及百街漆画的创作加上文字介绍，蕴含着大量的知识信息，每个历史人物的瓷器旁都有文字介绍，主要是人物生平、经历、主要思想或者成就，他们所涉及的知识领域有：政治、历史、天文、地理、哲学、医学、经学等。而且每个人物的造型都是根据其主要思想及行业来进行创作，抓住每个人

物的特点，核心思想，每个姿态都富含寓意。百子中有圣贤、智士、思想家、教育家、政治家、军事家、哲学家、经学家、文学家、改革家等，从中我们可以了解到他们的教育理念、治国思想、军事才能，极具韵味和传神的姿态配上简单的文字介绍，其思想理念与瓷器神态相得益彰，更易于被人理解和记住，让人认识人类道德才能发展的轨迹，鉴古知今。漆画中可以学习如何构图、上色等技法，也与我校美术系开设的漆画专业相关联。这些展品及介绍涵盖了人文科学、社会科学方面的广泛内容，通过对这些人物和漆画的认识和了解，可以拓宽学生的知识面，增强感官认识，可以触类旁通出更多有关文学、历史、美术等方面的信息，在开拓视野的同时陶冶个人情操，提高审美情趣，有利于学生综合素养的提升。据调查，很多大学生在毕业后迟迟找不到工作的原因之一在于知识面狭窄，思路不够开阔，仅熟悉本专业知识，缺乏对相关专业的认识与了解。对大学生知识体系的扩展就成为了一个重要课题，因此，"瓷韵漆意馆"成为了大学生知识体系拓展的一个重要窗口。

三、教育性："瓷韵漆意馆"的文化功能

1. 是一种直观的教育形式

"瓷韵漆意馆"作为高校博物馆的一个创新的形式，以陈列展览实物为教育工具，把实物展示在观众面前，比其他文字资料、图像或图书有更强的感染力，是一种直观的教育形式。更容易给观众生动具体的深刻印象，因此，有助于促进学生的思维和认识，加深学生的记忆。通过生动、形象、直观的表现形式以及配套的文字和图片，传播教育内容，并通过讲解、配有文字、图画等形式使学生从中受到教育、增长知识。而且这种教育手段灵活，形式多样，气氛轻松，不同于课堂教育存在枯燥、乏味和带有强制性教育的特点，除了给人以视觉上美的享受外，还可以营造出一种轻松愉悦的气氛让学生在参观过程中，既能够消除疲劳、陶冶情操，获得精神享受的满足，又丰富了知识，这种融知识性、趣味性、教育性于一体的展览，也成为高校新的教育形式之一。"瓷韵漆意馆"这种通过美轮美奂的展品、生动的讲解、和谐的气氛对学生的情、意方面进行熏陶，使学生在轻松愉快的状态下接受它所隐含的教育信息和教育内容，真正体现了视觉艺术在大学教育中的重要性。

2. 有利于提高学生的综合素质

"瓷韵漆意馆"作为高校博物馆的形式之一，是大学生进行道德教育、审美教育、心灵教育以及心理教育的课堂。大学的教学观念不再是封闭、单一和因循的，而是以开放的态度，鼓励多元的声音，激励学习者进行继承和创新。高等学校的教学目的从知识传授转变为培养学生的创新能力，在学习专业知识和应用技能的过程中，注意学生辩证性思维和创造性思维能力的发展。另外，高校对学生

的思想道德教育可以从人文、自然、科技等不同角度、多种形式来开展思想道德教育。现在社会看重的不仅是一个人的智商，情商也成为衡量一个人综合素质的重要标准。一个人品行的好坏、心理的健康也将影响着今后事业的发展。学生通过参观"瓷韵漆意馆"不仅可以学到许多历史人文知识，感受圣贤们百折不挠、勇于进取的精神品质，更是在审美、艺术、创新等方面获得启发和熏陶。因此，"瓷韵漆意馆"在提高学生的综合素质方面发挥了重要的作用，有利于拓展大学文化的广度和深度。

3. 校园文化建设的重要基地

当今，各高校都十分重视校园文化的建设，一所大学的校园文化建设如何，也体现着这所大学的综合实力和整体水平。高校博物馆作为大学中的一个重要机构和大学校园文化的重要表征，所体现出来的文化理念和文化氛围对校园文化有着重要的影响。"瓷韵漆意馆"作为校园文化的一种载体形式，所展示出来的高品质、高水准的展览，不仅能触动和吸引观众，使广大师生在休闲和欣赏的心态中感受和接纳其中独有的文化魅力，久而久之、耳濡目染，潜移默化，就会使他们在知识素养、进取精神、良好品质等各方面都有所提高，同时，师生们在自身修养提高的同时又反过来影响着校园文化的发展。因为校园文化的形成，不是一朝一夕形成的，是几代人慢慢传承下来的，而且在发展过程中会不断注入新的内涵。"瓷韵漆意馆"的建成不仅传承着中华上下五千年的智慧和思想结晶，更体现了百年商专汲取历史精华为我所用的海纳情怀，体现了校园文化的多元性和丰富性，是校园文化的一个创新举措，更是进行校园文化建设、弘扬良好校风的一个重要平台。

"瓷韵漆意馆"中的"百子"瓷器，每一件都蕴藏着华夏古老精神文明和智慧的光芒，折射出能工巧匠的技艺和悠久文化历史背景，学生们通过参观"瓷韵漆意馆"，感受我国悠久的文化历史以及先人们勤勉自强的精神，细细品读这些姿态各异的人物，仿佛古人就站在你的面前，既获得无穷乐趣和陶冶情操，还会培养大学生民族认同感、增加民族自豪感、增强民族凝聚力、弘扬民族优良传统、传承优秀精神品质的作用。当一个学校通过各种方式的教育使得学生不仅能产生爱校之心，还能激发学生产生民族自豪感以及爱国之心，那么这样的校园文化教育才是真正有血有肉的。

四、对外性："瓷韵漆意馆"的宣传功能

"瓷韵漆意馆"作为高校博物馆的类型之一，具有交流媒介的作用，是进行对外宣传、交流的平台。如今，大学的设施和科研教学成果，不再只是评价学校水平的砝码，而成为社会共享的文化资源。"瓷韵漆意馆"的建成，精美的展品和独有的文化内涵，吸引了众多的参观者来参观。学校利用每年招生、校际交流、

客人到访、领导视察等时机，带领人们进行参观介绍展馆，是对学校进行宣传的一个重要手段，而且这种参观者与展品的对话常常会转化成与学校对话或者科研的交流与合作，这对于学术的交流、校际间的合作以及展览馆本身的建设也具有巨大的推动作用。现如今，高校间的交流与合作越来越频繁，高校博物馆不仅成为兄弟院校之间的交流的一个媒介，更是与社会进行沟通交流、学校进行对外宣传的重要平台。"瓷韵漆意馆"对外开放，让更多的人来参观，通过参观有利于社会公众和院校师生对大学文化的感知和记忆，加深对学校的认识，起到了宣传的作用。因此"瓷韵漆意馆"也成为学校进行对外交流、传播学校文化内涵的一个重要的宣传窗口。

八、中医馆

张雄伟 摄

题记

望闻问切

◎ 黄跃舟

华夏文明，博大精深；三坟五典，史迹昭彰；国医滥觞，始自岐黄。方家妙手，灿若星辰；仁心仁术，救世救人。民族繁衍，赖斯永延。

中医之"中"曰致中，曰致和。原乎中医之理，实幽微而渊深，哲学数术，无所不包，易理天文，无所不臻；阴阳五行，总医理之要眇；脏腑经络，立中医之津梁；整体观念，统驭辨证思想；生克制化，演绎五脏盛衰。可谓：天人合一，发宏大智慧；比类取象，究元化真知。

中医诊病，素有规章。百因百病，百病变化无常；百病百因，百因求索有道。探幽发微，首重临床。熟知四气五味，详辨归经禁忌，悉谙阴阳寒热，善察表里虚实；望闻问切，四诊妙法，索疾病之情伪，辨八纲之证候。辨证论治，是中医之灵魂；中药方剂，乃攻疾之利器；性味归经，探药之理；君臣佐使，组方之法；丸散膏丹，疑难能医；祛病延年，起死回生。

泱泱医林，巨匠辈出。黄帝内经奠基，神农本草遍尝，扁鹊四诊回生，华佗刮骨疗伤，仲景巨著立法，葛洪炼丹济世。思邈民称药王，金元四家铸鼎，景岳万病评量，时珍药典名扬。明清温热详备，补缺拾漏，跨代精究伤寒，大系汪汪。八闽医坛亦称雄，五大名医耀史册。董奉治病赈济，杏林春暖留佳话；苏颂博学研药，本草图经惊世人；宋慈洗冤泽物，法医之父不虚传；士瀛尤精医理，对病识症治伤寒；念祖歌括远扬，无愧有清一宗师。著书立说，薪火相传；国之瑰宝，禹域华光。

望闻问切四字，诚为医之纲领。扁鹊曰：望而知之谓之神，闻而知之谓之圣，问而知之谓之工，切而知之谓之巧。四诊之法，医坛独步，其精其神，实堪弘扬。读书学习，需一以贯之："望"而明白，知"为何学"；"闻"而用心，明"学什么"；"问"而善学，晓"如何学"；"切"而实干，方"学得好"。成就事业，当自始至终："望"而察形，"闻"而听声，"问"而调研，"切"而运用，实事求是，与时俱进。

"道"乃中医至高境界、"道"系中医术体天心。推德为要，精诚可蹈；杏林誉满，橘井名高。商道通医道，本质为人道。天道地道人道殊流攸归，医道学道商道斯境相通；盼我莘莘学子，诚付孜孜肝肠；望闻问切为路径，立意高远送福康；爱我中华文化，再创华夏辉煌！

传承中医文化　挖掘育人功能

◎ 蓝福秀

中医文化是中国传统文化的瑰宝，其蕴涵的人文精神、价值观念、伦理道德、哲学智慧在现代仍具有重要的价值。借鉴我国传统中医文化精髓，运用中医理论，推动中医智慧在高校的逐步普及，使传统中医文化在现代高校中发扬光大，帮助全体师生形成一种积极、健康、高效的教学及生活方式，促进德性全面进步、智力高效发展、体魄更加健康、校园愈加完美，造福全体师生，是一项值得深入研究的课题。

一、发扬中医人文文化，塑造师生高尚品行

中医人文文化内涵丰富，其核心价值主要体现为医乃仁术、以人为本、调和致中、大医精诚等理念，可以用"仁、和、精、诚"四个字来概括。"仁、和、精、诚"深刻了揭示出了传统中医的伦理追求，体现着高尚医德与精湛医术的高度统一。对于提高当代大学道德素养，培养既具有高超的学术又具备高尚品德的现代高素质人才具有重要的现实意义。

1. 仁：培养仁慈至善、尊重生命的道德观念

中医"仁"文化最突出人文特征是尊重生命。我国中医将医学定位为"仁术""仁心""仁人"，赋予医学以仁慈至善、尊重生命的精神内涵，如《黄帝内经》指出："天复地载，万物备悉，莫贵于人。"然而，中国长期以来的家庭教育、学校教育和社会教育都比较重视对青少年进行应试教育和成才教育，反而忽视了最根本的生命教育。中国传统道德精华——"仁爱"教育以及生命教育的缺失导致部分大学生对生命的漠视，甚至带来伤人、杀人、自杀等严重校园问题，如云南大学马加爵事件，西安音乐学院药家鑫事件，福建农林大学"见义勇为模范"段同学自杀事件等。借鉴并深刻领会中医"仁"文化内涵，当代高校师生应常立仁爱之心，确立对生命的高度尊重和倍加珍惜，真正认识到生命存在的价值和自己所要承担的社会责任。

2. 和：培养"和衷有容、和而不同"的大学精神

中医人文文化渗透了"和"的理念。"和"已成为中医文化的思想原则之一。如《灵枢》中提到："凡阴阳之要，阳密乃固，两者不和，若春无秋，若冬无夏，因而和之，是谓圣度"，将和提高到"圣度"的地位，认为凡病皆由"不和"致之，治疗当"和"以所宜，令其条达，而致和平，最终令人体达到和谐、和合、中和，从而确立中医学的思想原则。借鉴中医"和"文化，一方面，真

正优质的大学必须坚持与弘扬 "和衷有容" 的大学精神。这就需要全校师生在学习、工作和生活上，互相理解、互相尊重、互相支持、和衷共济、构建和谐校园。另一方面，在"和衷有容"的前提下还需培育"和而不同"的大学精神，好的大学不该被某些统一标准扼杀，被评估体系牵绊，被庸俗气息熏染，不该丧失独立精神。相反的，好的大学在于有自己独特的灵魂、独立的思考和自由的表达。

3. 精：培养精勤治学、笃学精业的治学理念

中医"精"文化内涵深厚，要求医者要有精湛的医术，认为医道是"至精至微之事"，习医之人必须"博极医源，精勤不倦"。如《大医精诚》："唯用心精微者，始可与言于兹矣。今以至精至微之事，求之于至粗至浅之思，岂不殆哉？"目前我国高校在市场经济的影响下，普遍存在的浮躁和功利主义思想，缺乏精益求精的精神，出现教师学术腐败，学生不学无术等现象。传承中医"精"文化，要求当代高校师生必须重视树立精勤治学、笃学精业的治学理念，即每位师生以精微之心，精勤不倦的态度来学习和研究学问，弘扬科学精神，坚持追求真理；以严谨求实、笃学精业的治学理念，尊重科学规律，勇于探索创新，追踪学术前沿，勇攀学术高峰。

4. 诚：培养心怀至诚，言行诚信的人格修养

中医文化中的"诚"体现了人格修养的最高境界，要求医者要有高尚的品德修养，如《大医精诚》所述："凡大医治病，必当安神定志，无欲无求，先发大慈恻隐之心，誓愿普救含灵之苦。"在人们的人生观、价值观受到市场经济冲击的今天，继承中医"诚"文化，培养当代高校师生重义轻利、诚实守信的人文素质尤其重要。全体师生都应做到心怀至诚于内，言行诚信于外，把诚实守信作为做人的根本，真正做到诚信待人、诚信处事、诚信学习、诚信立身。

二、体味中医诊治文化，营造高效教学氛围

中医讲究"望、闻、问、切"四法并用，逐步深入查病因。望，指观气色；闻，指听声息；问，指询问症状；切，指摸脉象。通过此四法，对疾病进行判断和发病原因进行推断，以便对症下药，治疗根除。高校课堂教学活动中更要如此。课堂教学作为学校教育工作的核心环节，其高效与否，直接影响人才培养的质量。目前高校课堂教学，仍有一部分教师，尤其是年轻教师，往往不太注重营造一种有利于教师的教与学生的学的课堂氛围，导致了课堂气氛比较沉闷，师生交流少或者无法交流，直接影响了课堂教学的质量。通过"望、闻、问、切"真正查找出问题，真实了解学生之所思、所想，对症下药，提高教学时效性，确保课堂教学活动不虚、不空、不偏、不走过场。

首先是望。望是师生对望，通过望能够缩短师生之间的距离，使教与学和谐地

发展，营造一个宽松和谐的教学环境。一方面，教师在课堂教学过程中面带笑容、眼睛充满鼓励地望学生，有利于给学生一个轻松愉快的学习气氛；能提醒学生上课要注意听，精神集中；有助于提高课堂针对性和实效性。另一方面，学生望老师有助于把视线从手机、课外读物等移开，提高学习效率。

其次是闻。闻，在课堂教学过程中，一方面，学生要始终闻老师的声音，防止自身思想开小差。另一方面，更重要的是老师要注意闻学生的声音，通过闻来了解学生掌握知识的程度，同时及时调整自己的教学节奏和教学方法，使课堂教学达到最佳的效果。传统的大学课堂教学，因受应试教育的影响，成了老师表演的小舞台，整节课只听见老师的声音而没有学生的声音，这种满堂灌的课堂教学方式极大影响了学习效果。因此，我们提倡把课堂交给学生，通过闻，调动学生的积极性和参与度，加强师生互动，提升课堂效果。

再次是问。向学生"问"或由学生"问"，及时收集反馈交流信息。通过问，能激发学生的兴趣，促进学生的思维发展，有利于提高学生的整体素质。课堂教学离不开问，没有问的课堂教学是不成功的。当然，问也要注意技巧：要有目的地问，有价值地问，有层次地问，有艺术地问，合时机地问。不能为问而问，毫无效果。

最后是切。在课堂教学过程中要注意切教与切学。从切教的方面来说，就是要求老师善于把握好课堂教学的节奏，善于结合学生反映的情况及时调节自己的教学方法等。而切学，则是要求老师能诊断出学生在求知路上是否遇到困难，如果有，则提供必要的帮助。

望闻问切 李 丽

三、感悟中医养生文化，铸造师生健康体魄

随着现代社会的高速发展，在短期内无法改变"应试教育"价值驱动、多方面压力的急剧增加，人类居住环境的污染等问题，导致各种精神和机体疾病频发，这成为了困扰高校师生健康生活的又一大难题。汲取中国传统中医养生智慧

与现代中医养生理念，探索帮助师生实现身心健康发展及认知能力提高的科学理念、有效途径和操作办法，对人体进行科学调养，保持生命健康活力，是值得深入研究的重要课题。

首先，稳定的情绪是健康的重要环节。

中医养生历来重视精神卫生，早在两千多年前的医书《黄帝内经》中所言"恬淡虚无，真气从之，精神内守，病安从来"，就明确提出养生应注重精神方面的保养。《灵枢·百病始生》说："喜怒不节则伤脏，脏伤则病起于阴也。"《素问·阴阳应象大论》说："怒伤肝""喜伤心""思伤脾""忧伤肺""恐伤肾"。均说明情绪、精神心理保健是人体健康的一个重要环节，一切对人体不利因素的影响中，最能使人短命夭亡的就是不良的情绪。这就要求我们要培养健康的精神，稳定的情绪，这样才能避免精神极端、心理波动和情感不稳定。人的精神状态正常，机体适应环境的能力以及抵抗疾病的能力就会增强，从而可以起到防病的作用。

其次，合理的饮食是健康的关键因素。

中医认为，饮食不节，饥饱失常，酗酒无度均伤身体。如《素问·上古天真论篇》把"饮食有节"作为上古之人养生的一个重要方面。《素问·生气通天论篇》亦曰："因而饱食，筋脉横解，肠澼为痔，因而大饮则气逆"，认为暴饮暴食，可导致消化不良，影响气血流通，令人致病。数千年以来，健康的食物，平衡膳食一直被认定是达到长寿的关键因素，不合理的饮食习惯则被认为是使健康出现问题的根源。而当代大学生不健康或者亚健康的原因之一就在于饮食的不规律，暴饮暴食，对食物的选择不科学等。如有些同学长期不吃早餐，导致午餐摄入食物过多；有些同学一日三餐都吃一样的食物，造成营养的不均衡；有些同学长期吃一些不健康的快餐食品，比如方便面等。因此，当代大学生必须确立"食物摄入多样化""杂食以养""合理膳食""饮食有节"等健康饮食理念，养成良好的"饮食习惯"。

再次，适度的运动是健康的有力保障。

中医认为，经常适度地进行体育锻炼，可促进血液循环，改善大脑的营养状况，促进脑细胞的代谢，使大脑的功能得以充分发挥，从而有益于神经系统的健康，有助于保持旺盛的精力和稳定的情绪。还可以提高机体的免疫机能及内分泌功能，从而使人体的生命力更加旺盛。如今不少大学生长时间"宅"在寝室上网聊天、玩电脑游戏、追电视剧，把本应在运动场锻炼的时间都退回到座椅上，所以导致一些学生体质下降，精神萎靡不振。近年来，从大学校园中发生的一系列军训、体育课、体育运动中猝死、晕厥事件可以看出，除了一部分是先天疾病原因之外，缺乏体育锻炼是引起此类悲剧的重要原因。因此，借鉴中医养生理念，不断培养大学生科学运动的意识，营造良好的健身氛围，丰富体育锻炼形式，让全体师生通过动静结合、持之以恒的适度运动来达到强身健体之目的。

最后，规律的生活是健康的必备要素。

《黄帝内经》有言："食饮有节，起居有常，不妄作劳。""逆于生乐，起居无节，故半百而衰也。"认为身体的各种机能是按照一定的规律来工作的，人的身体里有一个隐形的"时钟"，每天控制着我们的觉醒和睡眠，兴奋和抑制，这就要求我们适应人体内部规律而生活。这种规律生活还被列为世界卫生组织健康基石之首。在目前的大学校园中，随着社会的快速发展，不少人的生活偏离了生物钟规律，夜间需要睡眠时却彻夜不眠，早晨该觉醒时却赖床不起，如此日夜颠倒，生物钟被扰乱，人体各机能难以按照原有的节律运转，生理功能就会逐步下降，身体健康势必受到影响。因此，学习中医养生知识，安排好每天的学习、工作、运动、饮食、起居等日常活动，形成规律，让身体变得更健康、生活更美好。

四、传承中医哲学文化，打造和谐校园环境

中医哲学文化蕴涵着丰富的和谐思想，首先，中医认为，人体以五脏为中心，通过经络系统，把六腑、五体、五官、九窍、四肢百骸等连在一起，构成了一个表里相连、上下沟通、相互协调与和谐的统一整体，这种和谐统一是维系生命正常活动的基石。其次，在中医看来，天人合一，人与自然的和谐统一是保持生命与健康的基础。再次，中医治疗以调整阴阳、调理脏腑、调和气血为原则，目的就是通过调理，使人体内部各部分之间保持一种和谐关系。挖掘中医文化和谐思想内核，并赋予时代精神，对于构建现代和谐校园具有重要的借鉴价值。

首先，协调好人与自然的关系，建设"和美校园"。良好的校园布局、建筑风格、绿化美化等自然环境资源是无声的育人载体，对陶冶师生情操、启迪智慧、积淀高雅的校园文化，有着潜移默化的作用。近些年来，由于道德教育的缺失和滞后，部分学生环保意识淡薄，校园环境遭到人为破坏的现象并不少见，如学生们乱扔垃圾、破坏公物、乱涂乱画、乱踢乱踩等。中医文化强调的天人合一的和谐思想有助于唤起大学生对环境保护重要性的认识，培养学生对美好环境认真负责的精神，增强环境保护意识，重新认识与反思人与自然的关系，并最终齐心齐力建设一个人与自然、传统与现代、物质文化与精神文化和谐统一的"和美校园"。

其次，协调好个人与他人的关系，建设"和气校园"。良好的人际交往能力以及协调的人际关系是人们生存和发展的必要条件。现代大学生在处理人际关系方面总体上是好的，同时由于主观和客观的原因，部分大学生会出现人际交往和沟通不畅的情况，影响其身心健康和学习进步。借鉴中医文化的和谐思想，在大

学生中积极倡导讲团结、讲尊重、讲合作、讲友爱的和谐精神，形成宽厚平等、风清气正的人际氛围，建成人与人之间的和谐相处的"和气校园"。

再次，协调好自我身心关系，建设"和顺校园"。身心和谐是人的发展的重要方面。在现实生活中，随着我国改革开放的深入，社会上各种矛盾和问题凸显，使得大学生面临的压力不断增多，由此导致的各种心理问题层出不穷。从中医文化中汲取身心和谐的理念，帮助大学生正确认识自我，形成积极向上的乐观心态，提高心理素质，促进自我身心健康，更好适应大学生活，创建身心和谐的"和顺校园"。

九、合作馆

张雄伟 摄

珠璧相庄

◎ 黄跃舟

水彰无华，荡漾乃成涟漪；石本无火，相撞遂生灵光。水之泱泱，故显恢宏浩瀚；山之莽莽，方寓伟岸壮观。巍巍上庠，国运所系；渊渊殿堂，教脉播迁。开文明以启后世，倡仁义而致精微；和而不同君子道，珠璧相庄为大德；合作绵延五千载，互惠纵横九万里。同舟共济，先贤智慧泽被后世；和谐互生，华夏文明传承来兹。

吾校图强，筚路蓝缕；本固枝荣，质量立校之本；根深叶茂，特色兴校之根。教学相长，破藩篱而拓展；知行合一，秉传统而提升。风气先开，课程体系模块化；蹊径独辟，园丁队伍双师型。依社会需求设专业，秉职业需求定课程；循职业标准练技能，遵社会评价验质量。校地合作，服务区域，搭建宽广育人平台；校企合作，深度融合，探索联动育人模式；校校合作，强强联手，汇聚优质育人资源。工学交替，做学合一；联合培养，定向就业；资源共享，优势互补；多途并进，多措并举。此可谓：多元合作图创新，互利共赢谋发展；万千校侣珠联翩，代代学谊璧相辉。

古来事业，顺势易为；势有穷时，物无可久。乘运于大势所趋，必洞悉于社会所求。试看中国追梦，双百目标，千帆齐发，潮流激荡。珍珠联成串，美玉合成双；珠联璧合，相得益彰。以创新解放思想，顶天立地，自有正气满怀；以合作凝聚力量，拥风抱雨，必定彩虹漫天！

珠璧相庄　蔡凌华

珠璧相庄 "五彩"缤纷

◎ 刘莉萍

习近平总书记在全国职业教育工作会议上指出："要牢牢把握服务发展、促进就业的办学方向，深化体制机制改革，创新各层次各类型职业教育模式，坚持产教融合、校企合作，坚持工学结合、知行合一，引导社会各界，特别是行业企业积极支持职业教育，努力建设中国特色职业教育体系。"而"产教融合和校企合作是职业教育发展的命脉之门"，高职院校只有充分整合行业、企业资源，形成优势互补、资源共享、合作共建才能实现互利共赢。

近年来，福建商业高等专科学校从自身办学特点和专业特色出发，不断加强与相关行业、企业及社会各界的合作，不断创新校企合作思路，拓展合作渠道，逐渐探索出适合学校发展的具有鲜明"商专特色"的校企合作道路，校企合作整体呈现良好发展态势，合作成效显著。据此，学校特设建"珠璧相庄——校企合作成效展示馆"，展示了学校"五彩缤纷"的多元合作之风采。

一、校企共建、推动合作多出彩

学校始终坚持"校企合作共育人、服务引领共发展"的指导思想，不断拓宽合作空间，合作企业达137家。校企合作内容丰富，创新合作模式，推动合作向深层次发展，提升学校综合实力、社会声誉和服务地方、服务企业的能力。

学校与福建通瑞税务师事务所有限公司自2008年开始，校企共建生产性实训基地——代理记账实训室，企业为学校提供相关产品（客户），供学生进行产教结合实训，完成产品（客户代理记账）部分工序，校企共同安排师资承担生产教学任务，实行产学结合一体化管理，并使校内实训基地融入相应的企业文化内涵，在学校营造相应企业文化氛围，培养学生对企业文化的认同感，形成良好的职业素质，促进毕业生素质就业。

学校与福建弘华会计师事务所有限公司合作建立"跟班实习制"，即要求每位实习生填写"跟班实习周记单"，用于记录"跟班实习项目名称——发现问题——编制底稿张数"等内容，并由指导老师签章确认。由于校企双方共同制订严格的实习生管理制度并由企业落实到位，使学生在企业中真正接受企业指导老师的传、帮、带，有针对性地把学生参加实践工作与学习有机结合，在实际工作中深化了所学的专业知识，完善岗位技能，锻炼了吃苦耐劳、团结合作的品质。毕业后有多名学生留任该所工作，有的介绍给同行录用。

学校与福州鸿翔报关有限公司根据人才培养的规律，理实结合，展开课堂公司化、实训全真化、就业无缝化等"三化"合作，使学生专业技能、实操技能得以全面提升，所涉专业学生连续两年获福建省职业院校技能竞赛一等奖（团体/个人），获全国职业院校技能竞赛二等奖，学生的业务素质获用人单位好评。

二、订单培养、彰显特色显异彩

学校一以贯之地坚持"产教融合、特色办学"。突出高职院校办学特色，强化校企协同育人。

众事达（福建）信息技术有限公司、西方财富酒店、福州泰禾物业管理有限公司、中海物流（深圳）有限公司、福田服装有限公司、福州纵腾科技公司等知名企业与学校合作创办众事达订单班、酒店管理财富班、泰禾物业管理班、中海物流班、福田店长班等，办学规模不断扩大，企业全程参与学生培养，并为学生提供助学金等，实现学生学业与就业的无缝对接。

"中海物流班"采取"公共课程+专业基础课程+项目实操课程"的教学模式。校企双方共同成立物流软件项目研发管理小组开展物流软件项目研发。建立实习实训、人才培训、储备基地。每年选派一定数量的指定年级、专业的学生到企业进行实习实训；企业提供教师顶岗进修的机会；企业负责该专业的物流软件开发所需的专业技能课程的授课与培训；为学生提供职工专业技术培训、技术指导、信息咨询等。

"众事达订单班"由企业指派专业人员或相关管理人员等为学生进行产品、素质、技能、思想等全方面的理论培训。企业根据学生较为厚实的外语语言基础和商务沟能力，为学生量身订做实训实习工作岗位，如客服部实习岗位、运营部等实习岗位，使学生熟练掌握在电子商务平台上进行相关的业务操作。企业为学生提供实训实习及就业工作岗位，学校为众事达（福建）信息技术公司提供商务英语口语、外贸业务、商务礼仪、资料翻译等相关专业知识的培训及服务。校企双方获得合作双赢成效。

"财富订单班"由福建省财富投资集团股份有限公司专门设立奖助学专项基金，全程参与学生培养，跟踪学生成长过程，毕业后学生安排在集团下属酒店工作；校企共同开展社会培训、职业技能培训及校企合作开发课程、教材；集团还长期为学生提供与专业相对应的勤工俭学的岗位。几年来的合作使学生的培养与企业用人要求实现了无缝对接，毕业生适岗性强，职涯成长较快，受到企业的欢迎和好评。

各类订单班自开办以来，学校已向企业输送了大批优秀管理人才。学校作为福建省首批示范性高等职业院校，在订单培养方面继续发挥示范作用。校企通过建立基地信息库，尝试多种岗位的订单合作，提升人才培养的综合水平，打造具有"商专特色"的"订单培养"优势品牌。

三、多元对接、展现合作新风采

当前《国务院关于加快发展现代职业教育的决定》将"政府推动、市场引导""充分发挥市场机制作用，引导社会力量参与办学，扩大优质教育资源，激发学校发展活力，促进职业教育与社会需求紧密对接"确定为基本原则之一。

学校一直以来积极主动联系各类社会力量，广泛吸纳行业、企业和社会多方力量参与办学实践，与时俱进，激发学校发展活力，紧密对接社会需求。

从2011年开始，在福建福光基金会、香港公开大学与学校的共同努力下，在工商企业管理专业的基础上，学校与香港公开大学、福建福光基金会签署专接本协议，共同举办香港公开大学工商管理专业（3+1）专接本班试验班、MBA班等，探索出"政校企"合作办学的新模式。培养广泛地适应各行业中小型工商企业基层经营、管理岗位工作，拥有中小型工商企业业务经营、职能管理、行政事务管理的执行、规划、协调、控制等综合职业能力，并具备良好英语基础的应用型综合管理人才。我校根据香港公开大学在香港开办的工商管理副学士课程设置的大专课程。部分课程以中英文双语或全英文教学。学生获得我校专科毕业证书后经香港公开大学面试合格后赴香港公开大学就读，修完规定学分获得香港公开大学管理学学士学位。

2011年福建福光基金会与福建商业高等专科学校本着长期合作、资源共享、平等互利、互相发展的原则，共同举办"福光工商管理学院"。双方发挥各自优势，合作办学，逐步开设国际商务、国际金融、国际物流、国际营销、工商管理、酒店管理、国际会展、国际会计、涉外企业会计、商务英语等特色专业。福光工商管理学院坚持职业化办学理念，以国际化人才培养为目标，培养"理实一体、能力本位、素质优秀、国际视野"的应用型国际商务与管理人才，实现"人无我有、人有我优、人优我特"的办学特色。

学校与中国台湾建国科大、台湾全兴集团签署"校—校—企"合作协议共同举办"工业工程管理"专业。三方共同制订企业需要的人才培养方案；该专业学生在福建商专学完一年半的公共课程和专业基础课程后，再用5个月的时间在中国台湾建国科大交流，完成多门核心课程的学习并考取台湾地区工业工程师相关岗位证书；企业进行文化教育与职业引导，学生自愿报名，并通过全兴企业集团的考核，进入企业专业实训（顶岗实习）和就业。现已有两届学生受益于这种新型合作模式，获得用人单位好评。

2013年，学校与中兴新思公司签订合作办学协议，成立了"福建商专—中兴学院"，形成学院对应比例的责、权、利关系。企业投入一千多万元建设专业教学与实训资源，共同发展通信工程专业。学院以共同培养通信及信息化人才为宗旨，引进最全面的最先进的企业级实训环境、配套的实验教材、企业讲师授课、完善的企业培训教学体系、企业培训质量控制体系、就业服务体系等，确保人才培养与社会需求的无缝对接。

四、服务区域、传承文化涂重彩

学校一直坚持教产融合、校企合作和工学结合的改革方向，不断提升职业教育服务区域经济发展和改善民生的能力。

2013年6月，学校与"中国民间艺术之乡"、国家级生态示范区柘荣县签订了校地合作框架协议。学校利用优质教育资源优势和先进管理理念，推进柘荣县教育与文化事业的改革与发展，开展强强合作，优势互补，合作共赢，共同推动福建省文化事业大发展大繁荣。校地双方为弘扬福建省民间优秀传统文化，加大文化资源的挖掘、整理和利用，优化、提升世界非物质文化遗产——柘荣剪纸的品牌效应，扩大对外知名度与影响力。学校商业美术系教师参与柘荣县政府的"福建精神"剪纸创作，共创作出5件作品，其中一件作品被柘荣县选送参加"第十届中国·海峡项目成果交易会"展出，受到一致好评。校地共建摄影实训基地，进行摄影采风创作，为柘荣县人民政府策划拍摄反映柘荣历史、人文、经济、生态、物产等方面的《柘荣形象宣传片》。

学校与福州市三坊七巷管委会进行成果显著的长效合作，三坊七巷管委会先期向学校投入资金由学校新闻传播系师生承担三坊七巷官网新闻、三坊七巷故居保护修复资料片及三坊七巷名人故居纪录片系列的整体拍摄和制作。这一合作不仅促成了学生对传统文化和艺术的研究，同时大大提高了师生的拍摄、采访和后期剪辑各项技能。同时，学校相应专业教师与企业的合作开发课题，提升自身的科研素养。2013年1月，校企合作双方共同完成校级课题——《福州三坊七巷的历史文化内涵挖掘》，目前厅级课题《文化生态学视域的历史文脉延续——以福州三坊七巷的保护开发为例》也正在研究之中。

福建电视台体育频道全权委托学校新闻系508文化传媒工作室学生负责《快乐体育》节目采访、节目策划、拍摄、后期制作等全部内容的制作。学生在真实的电视节目制作中成为了一名真正参与者。使学生身临其镜地学习电视制作从策划、拍摄、采访、主持、现场调度到后期编辑、修改、播出等整个综合性工作流程。2012年至今节目已成功播出49期，获得了电视台和社会认可，产生了良好的社会效益。

五、友好互动、提升合作更精彩

学校在发展的不同时期和阶段创新探索出了多种"友好互助"的合作模式：一是文化共建型，学校文化和企业文化在互动、创新、提升中共同构建开放性、动态性的文化结构，形成更具生命力和感染力的文化，如我校与网龙公司共建"瓷韵漆意"艺术馆、与上瑞集团共建"教箴墨韵"艺术馆、与龙宾集团共建

"心湖"福商广场、与马尾区政府共建"闽商文化基金"、与福州移动公司共建闽商文化展示馆、与邮政公司共建集邮馆等，实现校园文化与企业文化的深度融合；二是教材共建型，学校针对企业的发展需要设定科研攻关和经济研究方向，将研究成果转化为工艺技能、物化产品和经营决策，提高整体效益，社会和企业也主动向学校投资建立利益共享关系，真正实现"教学、科研、开发"三位一体，学校已获得长乐市政府校园文化创业基金暨校本教材资助基金，计划出版百本教材，现已出版48门不同学科、专业的校本教材，其中三门入选国家"十二五"规范教材；三是慈善友好型，社会及企业捐助学校，为学校人才培养、师资建设等提供资助，学校为企业经济发展提供各种人才、技术、管理、咨询服务等，如长乐力恒科技有限公司、锦江科技有限公司分别在我校设立"奖教奖学基金""自强学子基金"等，取得共建共赢共惠的多元合作成效。

以上学校"五彩"缤纷的校企合作成效的展示正是应对了"珠璧相庄"馆之题记中所谓："多元合作图创新，互利共赢谋发展；万千校侣珠联翩，代代学谊璧相辉。"

十、校友馆

张雄伟 摄

学侣锦簇

◎ 杨晓颖

　　闽都故郡，文儒名乡。百年黉宇，雄踞东南。秉八闽长风，锦绣翰苑，道不完灿灿人文；承黄公精神，葳蕤杏坛，诉不尽衮衮俊彦。求真务实兮，校魂斯扬；见贤思齐兮，校训无忘。明德通达，诚信慎思，不坠青云志；自强笃行，勤敏好学，永驻奋斗心。

　　发轫青年会，滚滚硝烟收眼底；溯源光绪年，冉冉新学拯黎元。乃裳肇校，倾心教育，大爱无边，惠泽四方；懋榘反帝，身先士卒，轻死赴义，丰碑昭彰；郁文深明，心系民瘼，檄文为戈，青山留名；唐郑两彦，严谨治学，攻坚克难，史册铭记。福商升格兮，煌煌乎闽商摇篮，巨子频仍；滋兰树蕙兮，昊昊乎校侣蔚秀，学优出仕；继教璀璨兮，莘莘乎学子累万，璞玉浑金；福光渊深兮，济济乎高士盈千，群英荟萃。回眸百年，弘崇教崇文之传统，杜愚昧猥劣之鄙陋；奉爱国爱校之荣光，绝离德背心之积垢；持尚贤尚德之美德，防奸佞卑鄙之猥琐；敞大志大器之襟怀，谢偏居苟安之颓风。纵时世维艰仍育人不辍；虽苦难备尝而正义不灭。可谓华夏瑰宝，海西金冠！

　　噫嘘兮！殷殷学子情，拳拳报国心。旭日升高，千壑众流归大海；雄鸡唱晓，万儒巨卿哺桑梓。立名馆以勖来者，功在当代；树栋梁而荫后人，业垂千秋。壮哉我校！高擎福商之火，续传兴学真谛：爱国爱校，尊师尊友；恒志恒学，自持自强！

学侣锦簇　江聪煌

汇校友之光　扬福商精神

◎邱晓青

　　校友，从狭义范畴来讲，是指在同一所学校接受过系统教育后走出校门的学生。从广义范畴来讲，校友可以包括所有在一所学校的各个发展时期学习或工作过的人士，甚至可以将那些对学校发展作出贡献的人士亦称为"学校的朋友"或荣誉校友。高校校友是一个信息丰富、知识密集、与母校有着特殊感情寄托关系的群体，是母校的宝贵资源。如何充分发挥校友资源的作用，对母校的建设和发展具有重要意义。百年福商在新校区建设之际特设校友天地馆，分为"百年学府""闽商摇篮""校侣蔚秀""继教璀璨""福建之光"几个板块，用于展示各个时期、各个层面的校友风采，发扬福商精神。

一、树立榜样，积淀文化精神

　　校友是母校文化、母校精神、母校优良传统的传承者和传播者。校友在社会上取得的成就不但可以彰显学校的声望、提高学校的信誉度、学校的影响力，而且可以激发在校学生甚至是校外公众奋发向上，增强他们成才的积极性和信心，对在校学生有很强的教育引导作用。校友天地所展示的校友选取的是杰出的，在各个行业有代表性的人物，比如"百年学府"中的郑作新、唐仲璋两个院士，青商、高商、财贸学校、商业学校的一批批杰出校友，他们中有机关企事业单位负责人、科学家、会计师、经济师、诗人、书法家、文艺工作者，教授等各行各业的精英、骨干。从其个人简介，我们不仅感叹他们所取得的成就，还可以从中感受这些成就背后所付出的勤奋和努力。他们杰出的成就、高尚的品格、过硬的学术知识、奋斗经历和感人事迹激励和引导学生，培养新时代大学生的人生观、价值观、择业观。校友们的人格魅力、工作业绩、社会贡献对在校大学生具有一定的成长导向性，这也是开展在校大学生思想政治教育和成才教育的有效途径。

　　校友们带着母校的教育经历从学校走向社会，在社会各行各业中做出不平凡的业绩，积累着丰富的社会经验和生活经验。优秀校友的自身经历，通过校友天地的宣传，营造出一种催人奋进的文化氛围，其教育功能是课堂教学无法替代的。杰出校友们的成功和成才事迹成为鲜活的教育课堂，给予在校生成长的启示和极大的鼓舞，同时让在校生感受到作为学校一员的自豪感，培育其共荣辱的价值观念，在学校营造积极进取的氛围，塑造校园文化内在的精神品格，形成一种校友文化，引领教育思潮。一个学校的办学传统、学校精神、价值观念是其办学的灵魂，对全校师生员工和校友也将产生重要影响。校友文化作为学校文化的一部分，也会潜移默化地浸入广大学生的思维和行为方式之中，渗透于校友的思维、言行以及其社会生活之中。这些杰出校友树立起来的榜样，是大学精神气质鲜活的载体，是对广大学生进行思想政治教育的生动教材，也是思想政治工作的有效载体，在高校的思想教育中具有不可替代的作用，对校园文化的形成具有重要的推动作用。

二、图文并茂，展示校友风采

校友馆的一个重要功能就是展示历届优秀校友的风采，分为"百年学府""闽商摇篮""校侣蔚秀""继教璀璨""福建之光"五个篇章分类展出各个阶段、各个层面的校友，采取文字简介配以个人照片的方式，主要介绍校友的学习、工作经历以及主要成就、业绩。校友天地馆中展示的校友起始1906年的青年会书院，迄至福建商业高等专科学校，包括福建私立青年会商业职业学校、福建省立高级商业职业学校、福州市立商业职业学校、福建省福州商业学校、福建省财政金融学校、福建省财政贸易学校、福建省商业干部学校、福建省商业技工学校、福建省商业成人中专学校等学校毕业的校友。十年树木、百年树人，毕业于不同年代的莘莘学子，分布在全国各地，为国家、为社会作出卓越贡献。校友中有颇负盛名的专家学者，有德才兼备的组织者、领导者，有硕果累累的企业家、经济师、会计师、审计师，还有在平凡岗位上默默奉献的会计员、统计员、营销员、业务员等。走进校友天地馆我们可以看到郑作新、唐仲璋这样的院士，还有许多知名科学家、学者、教授，比如有中国工程院院士，我国光电子领域开拓者之一的陈良惠；广州市暨南大学特区港澳经济研究所教授、国家级杰出贡献专家何佳声；北京理工大学教授陈幼松这样的专家教授；先后获"中华当代杰出功勋艺术家""福建省首届老文艺家成就奖"等多项殊荣的陈侣白，享受国务院专家特殊津贴的叶洪威、严可标。校友中还有很多曾任或在任省部级领导，如中国汽车工业总公司副部长蔡诗晴；国家计委宏观经济研究院主任、常务副院长林兆木；中共福建省委统战部副部长、福建省工商联党组书记游嘉瑞等。还有全国"五一劳动奖章"获得者郑孝铭，福建省"五一劳动奖章"获得者吴松刚。人民公仆：李金贤、陈耀滨、蔡寿国、陈铭玉、李继新、郑晓东、朱增标、杨根生等。诗书画家陈仁岳，福建省"杰出人民教师"陈钟英，注册会计师、高级审计师温海树等。这些校友虽然年龄大小不同，行业岗位各异，但他们自强不息、明德诚信的品格却是相同的，他们以自己的行动为母校争光，为国家的兴盛作出贡献的精神是相同的，福建商专为有这样的校友感到自豪。校友天地馆是展现校友的成就、业绩，是对社会展示百年福商办学成果的绚丽画卷。

三、打造家园，包孕万千学子

校友天地所展示出的校友不仅有各行各业的精英、骨干，如"百年学府"中的院士、科学家、会计师、经济师、诗人、书法家、文艺工作者、教授等，还有各个阶层、各个领域的代表，特别是"闽商摇篮"这个主题下，以商专现有的八个系为单位，按系分列校友，校友群体分布在社会各行各业、各个地区，他们也许还未有很大的成就，但一定是具有代表性和典型性的，还有"继教璀璨"中、"福建之光"中的私企、个体老板或企业家代表，层次丰富、涵盖面广，福商校友中不仅有德高望重的前辈们，还可以看到年轻学子的蓬勃发展，这样可以让各个领域、各个层次的校友都有归属感，有助于培养在校学生"与母校共荣辱"的价值观念，对形成校友文化凝聚力具有重要作用。校友的今天就是在校学生的明天，校友走向社会的奋斗历程，尤其是年轻校友的成长经历，对在校学生是极为形象生动、容易接受、令人信服的榜样，特别具有感染力。各个系部、各个层次的校友以及"校侣蔚秀"中曾在学校工作过的老师，他们对学校教育教学工作的直接感受和建议，对于学校的人才培养、专业设置、招生就业、校园建设等均具有一定的引导作用。通过这样的方式把"校友文化"具体化，让它得到传承，形成特色，形成传统，对后人也是一种启迪、一种延续。

广大校友是学校伸向社会的触角，校友是母校面向社会的名片，主要表现在三个方面：一是校友走上社会的工作能力、业绩与社会贡献是学校教育水平的直接体现；二是校友为人处世的价值取向和人格魅力，或多或少都要受到学校的校风、学风的影响，打下母校的烙印，校友的社会表现是学校教育理念、教育价值观的体现；三是优秀校友的创业和成功案例在提高母校社会声誉方面的作用是不言而喻的。各个领域各个层次的校友们的表现及他们的现身说法对企业来说是最具有说服力。母校的品牌不是靠一两个校友建立起来的，而是千千万万的校友所汇聚起来的形象，可以说评价一所学校的办学水平，校友的社会表现是一项重要评价指标。因此，我们所展示的校友不仅要有各个领域的顶尖人才、精英，更多的是分布于各行各业的广大校友代表，这正是海纳百川、有容乃大的闽商精神的体现。

四、搭建桥梁，开发校友资源

校友和母校间有一种天然的感情，但是这种感情也需要维系加固，对其进行引导和激发，这样才能使其喷涌而出。校友天地馆的建立，为校友及母校搭建起了联系的桥梁，有助于将校友与母校紧紧地联结在一起，强化校友的母校意识，促使校友通过各种形式为母校的建设发展贡献力量，从而进一步对校友资源进行开发和管理。

①搭建沟通桥梁。福商百年，人才辈出，万千学子从这里走出去，在各行

各业发光发热，历经更迭，几迁其址、十易其名，校友与母校间的沟通联系比较少，缺乏桥梁，特别是早期的青商、高商、财贸时期的校友，对母校的概念有些模糊，苦于找不到"家"，建立"校友天地馆"就是基于此，除了展示介绍百年来历届优秀校友，还作为校友回母校的一个基地，发挥校友之家的功能，促进校友间以及校友与母校间的沟通联系，让广大校友有一种归属感。那些青商、高商、财贸等早期的校友，都已白发苍苍，在他们古稀或者耄耋之年再次回到母校，有一种落叶归根的感觉，看到展板上一个个熟悉的面孔，感叹"历经风霜颜色老，曾经风雨迎朝阳"，思忆"峥嵘岁月深深忆、留得师生眷眷情"，拉近了母校与校友的距离。校友们回母校有个专属于他们的地方，在这里可以休息、驻足、回忆、聚会，畅聊大学的美好时光，充分体现了学校对校友工作的重视和对校友的关怀。

②开发校友资源。校友资源是校友自身作为人才资源的价值，以及校友所拥有的财力、物力、信息、文化和社会影响力等资源的总和。校友作为母校的重要资源，有着深刻的内涵和积极的意义：校友的成就是母校社会声望的主要资源，校友的高尚品德和先进事迹是母校重要的德育资源，校友的捐资捐赠是母校发展的物质资源，校友的工作经历和创业经验是母校教育教学改革的参考资源，校友的人脉关系和社会影响是母校开展各种活动的便利资源，校友的评价和赞誉也是弘扬母校优良传统和办学理念，进一步打造母校品牌的舆论资源，对母校来说，校友是其所特有的品牌资源、育人资源、智力资源、信息资源、人脉资源和物质资源。校友资源在促进高校发展建设中具有巨大的作用。一批批走出校门跨入社会的校友，在不同时期、不同行业、不同地区，以不同方式，对国家的政治、经济、科技和文化等方面产生重要影响，与母校、校友、社会发生着多层次联系。校友是学校与政府、社会沟通的重要桥梁和纽带，做好校友工作，借助校友资源，与校友所在单位或其介绍的单位开展合作，实行科研项目"引进来"，为学校争取横向科研课题和项目；与企业、开发园区、政府合作，推进学校科研成果的转化、孵化工作，使学校科研成果"走出去"；与国内外知名企业联合建立共建实验室，联合开发科技项目，通过这些途径，有效提升学校的科研能力和水平，促进产学研工作发展，服务当地经济和社会发展，能使母校的无形资产得到增值。

十一、荣誉馆

张雄伟 摄

C
H
A
P
T
E
R

学府桂苑

◎ 黄跃舟

闽之福商，百年学府。廿世纪初，西学东渐，"书院"肇新簧，官民共滥觞。天地人愿始圆"三商合一"，教学相长终成"闽商摇篮"。俟八十年代，沐改革之春风，应运而升格；逢开放之甘霖，与国同昌盛。春秋逾世纪，桃李芬芳满天下；瀛寰跨万里，栋梁挺拔遍人间。

溯学之史，壮哉几何！数迁址，几易名，教师呕心沥血，栉风沐雨，勤耕不辍；五更起，三更眠，学子焚膏继晷，蟾宫折桂，发奋如一。追慕前贤之道，秉承"明德、诚信、勤敏、自强"之训；营造人文氛围，涵养"友善、进取、务实、创新"之风。筚路蓝缕，上下求索，披荆斩棘，执着追求。教学设施，功能臻善；校园环境，清幽洁雅；师资队伍，德高业精；教研成果，芳香四溢；示范立标，声名日隆。润物无声，片语温煦入心；不择细流，素养日积以成。注重品行，融会贯通；多元合作，海纳百川。树蕙兰滋，桃芳李荣。正道是：老树新枝，佳木葱茏可悦；柳暗花明，未来鸿路康庄。

五凤楼教，荣耀榕垣；闽浙孔道，毓秀钟灵；敖江之滨，鸾翔凤集；吾校岿然，展闽商教育之光；桂馥兰馨，焕百年学府之彩。顾后瞻前，掖教掖学承载奋斗之步履，奖牌奖杯凝聚不息之追求。秉经传道，绛帐宏敞；塑楷铸模以淬炼英才，范古贻今以锻造名校！

学府桂苑 江智霖

日新自强　止于至善

◎曾慧萍

　　荣誉是社会组织对人们履行社会义务的道德行为给予的积极评价，它既是一种社会价值尺度，也是个人行为选择的道德责任感和自我道德评价能力。正确的荣誉观能引起高校师生的广泛共鸣，成为师生行为选择的价值导向；作为个人的一种心理感受，它还能成为提升师生素质和思想道德修养的内在动力，是推动高校深入学习践行社会主义核心价值观的道德基础。因此，在高校育人文化建设中，有必要加强正确荣誉观的宣传与教育。

　　福建商专设在贵安校区的荣誉馆，以悠远、浓郁的历史荣誉和现代教育理念下的教书育人成就为主线，以图片和实物为载体，展现了一所百年老校在百年树人的事业中，"日新自强、止于至善"的辉煌成就。这里记录着几代商专人艰苦创业、爱校建校的教育业绩，展示着百年商专发展建设的心路历程；这里激荡着专业建设取得的骄人成绩，体现了商专践行现代职业教育理念的坚定步伐；这里闪耀着商专师生品德、素养、实训教育的不凡风采，展现了商专人"学高为师""知行合一""敢为人先"的精神风貌。

一、老虬新枝中，育才摇篮浓笔重彩再书教育风采

　　"荣誉馆"记录了百年商专历史荣誉的轨迹，向世人展示了新老商专几代人呕心沥血、潜心教育取得的成就。商专起始于"福州青年会书院"，是黄乃裳先生以学贯中西、兴办新学、教育兴国、办学治本的理念以及改革旧的教育制度、吸收世界各国文化优良成果为目标而创立的新式学校，后因"帝师"陈宝琛主张的"文明新旧能相益，心理东西本自同"以及东西方新旧文化的互相包容、兼收并蓄的"福建官立商业学堂"而"开眼看世界"。20世纪50年代"青商""高商""市商""三商合一"后，教学质量日益提高、办学力量日渐增强、社会影响愈来愈大，成为当时福建省中等专业学校的骨干。20世纪80年代因"重三基、严要求、讲实践"被国家教育部、商业部确定为"全国商业重点中专"而蜚声全国；20世纪90年代因锁定"商科"加快教改步伐、提升发展质量被国家教育部确认为"省部属重点大专"而日渐声隆，并获得团中央授予的"社会实践先进单位"荣誉。

　　自2006年来，教育部、财政部开始实施国家示范性高等职业院校建设计划，商专抓住发展机遇，紧密围绕区域现代产业体系发展的实际需求，致力于深入构建"行业、企业和学校共同参与"的现代职业教育运行机制，在校企合作、课程

改革、师资队伍建设等方面积极开展创新性改革和建设，加快"工学结合"人才培养模式探索，整体提升专业发展水平和服务能力，为地方现代服务业领域输送了大批高端技能型专门人才，百年老校再焕新彩，2007年获教育部高职高专人才培养工作水平评估"优秀"等级，2008年被评为福建省首批省级示范性高等职业院校，先后获得"福建省职业教育先进单位""福建省高等学校和谐校园""福建省平安校园"等荣誉称号，连续多次荣获"全省高校毕业生就业工作评估优秀单位"。

二、百舸争流中，专业建设奋楫者先成就卓著

"百舸争流，奋楫者先。"示范性院校的建设引领全国，担当着为我国现代职业教育发展探路和创新的神圣使命。作为福建省首批省级示范性高等职业院校之一的商专，直接参与着高等职业教育的建设与改革计划，如何为福建区域乃至全国高等职业教育提供一批可复制、可推广的新经验是商专人的必然命题，这就要求商专在百舸争流中，奋发努力，敢于创新。专业建设水平是衡量学校办学层次、学术水平的主要标志之一，专业建设水平的高低对提升学校办学层次，增强核心竞争力，促进学校又好又快发展起着举足轻重的作用，同时，对学校学术梯队、专业平台建设、科学研究水平、教育教学改革起着支撑作用。多年来商专始终如一地主动适应经济社会发展需要，积极开展劳动力市场调研和毕业生调查，在强化主导专业建设的同时，不断培育适合区域发展需要的专业群。通过十余年的建设，国际贸易实务及广告设计与制作（动漫设计方向）2个专业获批教育部、财政部支持高等职业学校提升专业服务产业发展能力专业，会计电算化等3个专业列入省级示范性院校建设重点专业，酒店管理等5个专业入选省级高等职业教育示范专业，工商企业管理等6个专业被评为省级精品专业。2012年以来，商专共有12类31个专业接受全省高职院校专业建设质量评价，其中会计、经济等7类18个专业获得第一名，2类7个专业获得第二名，2类3个专业获得第三名，成绩位居全省同类院校前茅，《福建日报》等媒体也予以了报道。在专业建设的带动下，课程建设也取得了丰硕成果，《财务管理》等19门课程建成省级精品课程，《进出口业务》等6本示范性教材被入选教育部"十二五"职业教育国家规划教材。同时，专业教学实践中总结出的一批典型经验获得了肯定和推广，如多篇教改研究论文分别在《国家教育行政学院学报》《中国高教研究》等核心刊物刊登，《文化引领建设　闽商素养育人——福建商业高等专科学校素养教育实践与创新》项目获得福建省高等职业教育教学成果奖特等奖，并被福建省教育厅推荐参加国家级教学成果奖的评选；《商科类虚拟商业社会环境跨专业综合实训实践与成效》等2个项目获得过一等奖等，起到了引领示范功效。福建商专"荣誉馆"把学校在专业建设上取得的集体荣誉进行了集中展示，一方面是有利于培养师生正确的荣誉观、价

值观，另一方面也有利于调动商专广大教育工作者在专业建设课程建设上的积极性和创新性，有利于商专人坚定贯彻实施"以学习者为中心"的教学理念，坚持走校企合作、产学研结合的高职办学之路。

三、现代职业教育浪潮中，商专人敢为人先再展个人风采

福建商专"荣誉馆"还荟萃了广大师生在素养育人、实训育人、科研兴校等方面取得的成就，展示了商专人在教书育人中蕴含的个人修养和人格魅力。

——师德为先，以身立教。古人曾讲"亲其师、信其道"，从某种意义上说没有了教师，也就没有了中华民族上下五千年文明的传承。孔子也曾强调"其身正，不令而行；其身不正，虽令不从"。要求教师学而不厌、诲人不倦、关心热爱学生，提出了教师职业的道德内涵。高校在实践"为人民服务，让人民满意"宗旨的过程中，肩负着人才培养、科学研究、服务社会以及文化传承的社会责任，其发展以教师为本，教师素质则以师德为先。没有教书育人所必需的师德基础，纵然才高八斗、学富五车，也与师名不符。高尚的师德师风、崇高的品德和修养通过一代又一代的教师薪火传承、生生不息。商专的育人者在"蜡烛"和"春蚕"精神引领下，"学高为师、身正为范"，以严谨的治学态度，"传道、授业、解惑"，以身立教，做好人才成长的引路人。正是由于广大教师爱岗敬业、辛勤耕耘、前赴后继、无私奉献，才铸就了商专人优良的学术传统和今天的社会声誉：郭银土等3位教授成为享受国务院政府特殊津贴专家，吴贵明教授入选新世纪百千万人才工程省级人选，黄克安教授被评为国家级教学名师，陈增明等共11位教师获得省级教学名师称号，庄惠明博士被选入省青年杰出人才培育计划，还获得福建省青年岗位能手称号，叶林心等2位教师获得省工艺美术大师称号，另外还有省级专业带头人8名，硕士生导师4名，省级"五一劳动奖章"获得者1名等。

——授业以精，师道在勤。宗羲在《读师说》中曾提出"道之未闻，业之未精，有惑而不能解，则非师也矣"。近千年的教育史和创新之路上，都对教师的专业素养提出了基本要求，即教师要具有博学的知识和深厚的学科功底，才能在人才培养中"授业、解惑"从而为"人师"；在科学研究和服务社会时有思路、有方法、有工具，有如"智者"。想要成为作为传承人类文明和推动社会进步的"师"者和"智"者，只有"勤"之一道，勤学、勤思、勤省，唯执此道，才能堪当人类文明承先启后、继往开来的阶梯和桥梁。商专教师多年来忠贞为教，严谨治学，通过不断充实、锐意进取，在学校营造的民主、宽松、和谐的学术文化研究环境中，开展充分说理式的批评与争鸣，正是这样的勤学、勤思、勤省，使商专的学科建设、教学改革以及科学研究和服务社会工作取得了卓著成就，为学

校高等职业教育事业的发展夯实了基石。近五年来，商专教师立足国情省情、立足现代，以深入研究重大现实问题为主攻方向的31个研究项目获得国家社科基金、教育部、省社科规划项目、省自然科学基金的立项资助；学术成果获得了社会肯定，5篇研究报告和学术论文相继获得了第八届、第九届和第十届福建省社会优秀成果一、二、三等奖；一批研究项目成果被福建省教育厅、科技厅等政府部门采纳，为其决策提供了服务，充分发挥了新型"智库"作用；通过项目实施展现的研究实力得到了上级主管单位的认可，省教育厅对依托我校成立的中小企业管理和海西休闲旅游2个福建省高等学校应用文科中心研究基地给予了立项建设。

　　——格物致知，知行合一。《大学》中有"致知在格物，物格而后知至"之说，之后明朝思想家王守仁提出了"知行合一"的命题，即不仅要认识（"知"），尤其应当实践（"行"），只有把"知"和"行"统一起来，才能称得上"善"。在方法论上，从"格物致知"到"知行合一"是一个进步。"格物致知"主要强调认识，"知行合一"则将所知与所用根据具体情况结合使用。商专人在探索从"格物致知"到"知行合一"的教学改革与实践取得了系列成果，如在全省率先开展商贸类学校创新人才培养模式的改革探索，推行素养教育，推进"订单式""工学结合""顶岗实习"等实践模式，实施"以赛促训、以赛促教"的教学实践，探讨"16+2""4.5+1.5"的"专业实训＋综合实训"的实践教学体系等，这些改革探索，使得商专在素养育人、实训育人等方面取得了较大成效，学生"知行合一"的能力得到了检验，在教育部主办的全国技能竞赛中"报关技能"项目中获得了二、三等奖，在福建省六厅局举办的历届省级技能竞赛中多个赛项获得了一、二、三等奖。学生的职业素养和专业技能的提升，使得商专毕业生供不应求，每年毕业生就业率均达95%以上，多次荣获"全省高校毕业生就业工作评估优秀单位"。

十二、学刊馆

江聪煌　摄

学术经纬

◎ 黄跃舟

夫学刊馆，学刊文化展示馆之谓也。盖大学功能有四，曰：培养人才、科学研究、服务社会、文化传承，皆各有其文，并各成其化。探系统专门学问之经，索科学论证方法之纬，此乃辟学刊馆之旨也。

观夫世界，四大文明，唯吾中华，赫赫扬扬。鸟迹代绳，传文字始炳；三坟五典，实渺邈难详。殷之先人，有册有典，甲骨出矣；周之文武，礼兴乐作，人文彰焉。汉置石渠集六艺，唐设弘文收四部。有文化乃有著述，有著述遂有书册，有书册自有馆藏。美名府阁观台殿，更誉院堂斋楼馆；揽四海俊彦鸿著，聚八维智慧霞光；成文章之林府，汇信息之琅嬛。服务杏坛，为春泥护花咨询；惠及学林，整文献资源共享。不分贵贱长少别，公益众生更播芳。

学之为术，自有规范，不依矩籧，则无矢可蹈。盖其规有四：一曰逻辑之范，规学人之思维与创造，达思想深化及内容原创；二曰方法之范，规学问之路径与边界，明范式依托及学理创新；三曰形式之范，规学术之引证与体例，致文本规范及出处翔实；四曰学风之范，规学风之诚信与养成，促价值彰显及学科发展。

学之为府，文明之光。孟子云："夏曰校，殷曰序，周曰庠；学则三代共之，皆所以明人伦也，人伦明于上，小民亲于下。"冀吾校师生同乐，伫中区以玄览，临书山而徜徉；传承复兴与创新，义不容辞仁不让。兴福商文脉，成天下华章。是为记。

学术经纬 张 丽

藏古今篇章　品学术理义

◎ 梁小红

学术，在维基百科中释义为"系统专门的学问，泛指高等教育和研究"；在百度百科中释义为"对存在物及其规律的学科化论证，泛指高等教育和研究"。两释义均将学术指向高等教育和研究。从事高等教育和研究的科学与文化群体被称为学府，故学术存在于学府，学术乃学府的核心元素，也是现代大学形成与发展的内在根据。学术文化，是学术人在发展学术的过程中形成的学术价值观、学术精神、行为准则，其外在形式表现为规章制度、行为方式和物资设施。从现代大学的特性来看，学术文化是大学长期的历史演进积淀而形成的产物，是大学区别于其他社会组织和其他教育机构的关键标志，具有强大的辐射特点。

著名史学家钱穆在《国史大纲·引论》中提到"近世史学革新派所关注者，有三事：首则曰政治制度，次则曰学术思想，又次则曰社会经济。此三者，社会经济为其最下层之基础，政治制度为其最上层之结顶，而学术思想则为其中层之干柱"。他说的这三者之间关系，上层是政治制度，下层是社会经济，学术思想则是中间的顶梁柱。对于一个国家、一个民族而言，学术滞后，则文化滞后；文化滞后，则科技滞后；科技滞后，则经济滞后。可见，学术思想是推动社会发展的支撑力，是社会进步的源动力。

学术与大学相伴相生，是大学文化的根基和血脉。学术文化经过数百年历史的不断丰富和发展，已成为大学文化之魂，代表着学府的高度和气度，体现了学府的价值取向、整体风格和大学精神。学术研究需要长期的积淀，需要适宜的学术氛围、学术资源和学术土壤。然而，在经济市场化，行为功利化、利益多样化的多重压力下，当今学术界浮躁之风甚重、急功近利之风甚嚣，能沉下心来做学问之人甚少。故百年商专秉承学术文化的理性，建成学术期刊文化馆，旨在普及学术常识、宣扬学术文化、提供学术资源、端正学术之风、彰显学术成果，以推进广大师生接触学术、了解学术、感受学术，进而提高学术素养。

今以"学理诲人""学术方圆""学养真伪""学问苦乐"解读学刊馆的学术理义，以彰显当代大学的学术本位精神，发掘当代大学的学术文化价值。

一、学理诲人之育人价值

《大学》开篇说："大学之道，在明明德，在亲民，在止于至善。"其意即蕴含着学习对品格的影响。而《中庸》论道："博学之、慎思之、审问之、明辨之、笃行之。"不仅阐释了做学问达到真实无妄境界的必由之路，同时也揭示了治学态度对学术研究的作用。学术与育人乃大学之本质属性，二者结合即是科学精神（学术的理性遵从和执守）与人文精神（为天地立心、为生民立命）的统一。大学若缺少学术文化的滋养，造就的便是人格不健全的学人。因此，在求真、向善、趋美的学术旨意中，培育优良的学术风气，是现代大学遵循大学理念和价值的体现。启迪学人的学术信念与追求、提升学人的学术知识与能力、端正学人的学术立场与态度、培育学人的学术人格与勇气，是学刊馆学术育人的体现。

步入商专学刊馆，首入眼帘的便是学术常识、学术动态、学术规范、学术伦理、学界政策、学者观点、名家轶事。徜徉其中，世界观、方法论、科学伦理、逐一熏陶，诲人之气扑面而来。学而后问，方为学问；学而后思，方知求索；学而后疑，方求创新；学而后用，方知践行。

是以而知，学术文化具有启迪学术理念、促进学问养成的育人价值。

二、学术方圆之融合价值

"方圆"在百度词条中的释义有二，分别为"天地之间"与"方法、准则"。故学术方圆，此处可有两层深意：其一，意味着学问之浩瀚，涵盖中西方学术体系并贯通古今；其二，方，代表着规矩、规则；圆，意味着规则之上的自由。将两个释义合二为一，则代表着学术的"通"性和"圆融"。从学术史上来看，西方学术是一种分科之学，学术趋于知识化和工具化，学科之间壁垒森严，界限严格。20世纪初以来，西学东渐，中国学术亦逐渐走向西方之分科化、知识化和学院化的道路，在语境中达成了与西方学术文化的交流和沟通。对于中国学院学术来说，尤为如此。然中国传统学术文化中的"人文精神"特质却因此在学院学术中被逐渐弱化了。学术文化缺少自由和创新的精神，缺乏人文的灵性，成为大学学术文化的软肋。

故学刊馆内，详尽介绍了学院范式的学术规则，如摘要写法、引文出处、注释文献、CNKI规范要求等，常习之、常效之，便能作规范之文。馆内所陈学术刊物，体现了学术的兼容并蓄，刊物不局限于高校学报、自然界、社科界的严肃之作。典史精粹、古文西学、名家专栏、包罗万象，一显学术之盛宴；"闲笔"写"正书""文学进学术"，随笔体学术著作，情感化、常识化的学术读物，意象万千，再显学术之圆融。自然科学、社会科学、人文学科辉映成趣，置身其中，令人心蕴万象。

是以而知，学术文化具有促进学术交流、协同多元学术融合的价值。

三、学养真伪之警示价值

文化可以兴国，亦可以亡国。清朝学者将学术文化与国家兴亡紧密结合。陕西大儒李颙指出："天下之治乱，由人心之邪正；人心之邪正，由学术之晦明。"即天下大乱是由人心邪恶造成的，人心的邪恶是由学术不端造成的。清初理学名臣陆陇其指出："明之天下，不亡于寇盗，不亡于朋党，而亡于学术。学术之坏，所以酿成寇盗、朋党之祸。"对大学而言，学术不端行为破坏公平正义、扭曲学术方向、损毁学府声誉、挫伤学者原创动力，危害之大，不可小觑。学术失范为学术素养欠佳的体现，折射出一个国家、一个民族文明进步的程度。

故学刊馆内，于展板中警示何谓学术不端，并告知学术不端系列电子检测系统（CNKI）及其运用方略，以编辑经验指导如何在文章署名、数据处理、正文撰写中防范学术不端，以免无意之中陷入不端之境。入馆者，每阅至此处，便觉风清气正，心界澄明，方知学者当具"社会良心"，当从学问中修成理想高尚、积极进取、无私无畏、谦虚谨慎、求真务实之美德。学刊馆以养严谨之学、濯邪秽之气、行廉正之风的氛围熏陶浸润着学人，培育学人的学术独立与学术自信。

是以而知，学术文化具有促进学人自律、端正学术品格的警示价值。

四、学问苦乐之激励价值

功夫自难处去做，如逆风鼓棹；学问自苦中得来，似披沙获金。求知问学之"苦"为古今学者共识，其"苦"有三：一为费力，如古人不遑寝息、手肘成胝；二为费心，做学问乃心智的历练，需要的是理解，消耗的是心力和心思，学术研究中的所谓"学、问、思、辨、行"无不耗心耗力；三为费时，求学之路漫长而艰苦，并无捷径可寻。历尽艰辛，豁然开朗之际，便是学有所获之时。当代大学的学科化知识，多是专门化的学科领域，涉及领域的理论、方法、技术和问题，难免抽象、难免生涩、难免艰辛，则筚路蓝缕，上下求索之中，经历了从"忍受"到"接受"，再到"享受"的过程，便知"宝剑锋从磨砺出，梅花香自苦寒来"的甘苦。

故学刊馆内，于休闲处设有桌椅，供教师随时研憩，于显眼处挂励志格言，鼓励学人奋发向上。展柜内陈列教授专著、课题报告、校本教材、博士论文等，众多学术精品诠释了"学问之根苦，学问之果甜"。朝晨暮晚、习于馆内，哲学数术、易理天文，且学且问、笔耕不辍。享读书之三味，品学问之苦乐，于学术中厚积薄发，反哺教学，为商专学人所追求。

是以而知，学术文化具有鼓舞学人勤勉、鞭策学人向上的激励价值。

纵观古今，但凡革新变法总是以学术文化的论争为背景，如先秦的诸子百家（儒法道墨），汉代今文经与古文经学，汉唐儒道释，宋明理学与心学，清代汉学与宋学，均影响了每个历史阶段的变法进程。而现代大学组织是一个学术性文化复合体，学术文化的论争与发展，必将推动现代大学向新的空间发展。百年商专之学刊馆，以学术引领创新，以学术锻造学人，必然产生强大的内生推动力，推动吾校向更高远的空间发展。

是以为当代大学学术文化之价值所在。

十三、智慧馆

陈元津 摄

心灵智慧

◎ 黄跃舟

古人云：人乃天地万物之心。世界上最伟大的莫过于人，人最伟大的莫过于心。因此，人之和谐莫若心之和谐。随着社会不断向前发展，人们越来越注重向外追求物质利益，这样发展下去，必然使得人的精神愈来愈和自己的心灵分离，使人趋向于"物质化"，在人的心灵深处愈感孤独、苦闷、烦躁、矛盾。如何使人们荒芜、紧张的精神境界得以提升，获得一种心灵的自由，又不至于影响物质文明的发展和社会的进步？人类探索了很多涵养心灵的方法。

开辟"心灵智慧空间"就是为之努力的一个探索。涵养心灵、启迪智慧，为莘莘学子探寻心理健康之道提供良好空间，即是我们的宗旨和目的。"空间"结合大学生身心发展的特点和规律及时令节气、个性特征等相关因子而展开，打造出一个大学生可触、可感、可悟的文化氛围和场景：在"符号"主题区，以每年一个故事、一张图片、一个心灵瞬间，描绘人的成长过程，学子们可以从中认识与把握自我成长的规律；在"二十四节气"主题区，从寒来暑往、星转斗移间，以学生创作的诗意图片勾勒中国式艺术化的心灵生活，告诉我们，如何与天地合而为一，如何在自然中找到平衡；"空间"里还设有咨询接待室、团体辅导室、心理量表测评室、宣泄室、音乐催眠放松室、生物反馈测评室、个案咨询室等，用现代科技的成果和专业的方法帮助学子们宣泄情致、解疑去惑、提升心灵智慧的高度。

正如儒家经典《大学》所说："定而后能静，静而后能安，安而后能虑，虑而后能得。" 当一个人的内心有了一种安顿的感觉，生活便也有一种充实感。内心平静，思想清晰，智慧必有所增，这样做事情更有效率。这时人的主观能动性就会最大限度地发挥出来，帮助我们达到更高的人生尺度。

愿我们用智慧重建心灵家园，愿我们的目的能达到。是为记。

正面启迪　呵护心灵

◎ 陈小梅

　　法国哲学家笛卡尔认为人以感觉器官获得外部信息，并将其传送至大脑松果体内，再从松果体传送到心灵。心灵也称心智（英文：Mind）是指一系列认知能力组成的总体，而心灵智慧可表述为人所具有的基于神经器官的一种高级的综合能力，它含有感知、情感、逻辑、辨别、分析、判断、文化、中庸、包容、决定等多种能力。智慧让人可以深刻地理解人、事、物、社会、宇宙。与智力不同，智慧表示智力器官的终极功能，与"形而上谓之道"有异曲同工之处，智力是"形而下谓之器"。有智慧的人称为智者。心灵智慧空间，则是指我们探寻心理健康之道的良好场所。

　　福建商业高等专科学校的心理咨询场所有一个富有诗意的名字——心灵智慧空间。因场内设备多由福建大丰文化基金会捐赠，故冠名为大丰心灵智慧空间。心灵智慧空间致力于学生的心理健康教育与咨询工作，环境布置结合大学生身心发展的特点和规律及时令节气以及个性特征等相关因素而展开，使学生可触、可感、可悟，为我校心理健康教育与咨询工作更加深入与发展起到向导的作用，主要表现在以下三个方面：

一、用对人生成长规律的认知成果养育心灵智慧

　　心灵智慧空间的团体辅导室正面是名为《符号》的图片墙，共有50张正方形图片，按照五行十列的方式排列成一个长3米左右，宽1.5米左右的矩阵。美术系2011级学生把自己的亲身经历，以每年一个故事、一张图片、一个幸福瞬间的方式来描绘人的成长过程……画面的质感和明亮度以及鲜艳度有很大的突破，不但在视觉上能吸引眼球，同时也贴合人生绚烂的主题。这种使用艺术的形式揭示人生成长的规律，与美国现代著名的精神分析理论家埃里克森的社会化发展理论不谋而合，它告诉我们：发展是一个系列过程，每一个过程都有特殊的目标、任务和冲突。发展的每个阶段互相依存，后一个阶段发展任务的完成依赖于之前各阶段冲突的解决。在每一阶段发展过程中，个体都面临着一个发展危机（危险和机会），每一个危机都涉及一个积极选择和一个消极选择。解决危机的方式所带来的后果对个体的自我概念与人格有着深远的影响，它让我们了解，在人生的成长过程中，个体要善于顺应客观规律，在发展危机中采用积极选择，做自己命运的主人。如果你是一位心理教师，站在这里，或许你也会很自然地想到苏联天才心理学家维果斯基所提出的最近发展区理论：心理教学要取得效果，教师不仅必须

考虑学生现有的心理发展水平，而且更必须考虑学生在教师指导下可以达到的较高的解决问题的水平，这两者之间的差距就叫最近发展区。维果斯基认为，从本质上说，学生的最近发展区从认知上限定着他或她能够学习的内容，也限定着他或她能够达到的心灵智慧水平，据此可作引申的是，教师应根据学生发展阶段的年龄标准，找到该年龄段与下个年龄段的特点，并考虑在他人的协助和支持下能够完成的任务而设定出他们的最近发展区，从而更好地指导学生们对自我成长规律的认识与把握。

二、用人与自然和谐规律的认识成果养育心灵智慧

　　心灵智慧空间的回廊壁上挂着二十四节气的书画图，农历二十四节气是中国古代订立的一种用来指导农事的补充历法，是古代汉族劳动人民长期经验的积累和智慧的结晶。二十四节气即立春、雨水、惊蛰、春分、清明、谷雨，立夏、小满、芒种、夏至、小暑、大暑，立秋、处暑、白露、秋分、寒露、霜降，立冬、小雪、大雪、冬至、小寒和大寒。自然界气象、物候的变化在二十四节气中直接反映出来。根据中医理论，人与自然界是天人相应、"形神合一"的整体。人类机体的变化、疾病的发生与二十四节气同样紧密相连。二十四节气养生是根据不同节气阐释养生观点，通过养精神、调饮食、练形体等达到强身益寿的目的。以夏季养生为例：夏时心火当令，心火过旺则有克肺金之说（五行的观点），故中医典籍《金匮要略》有"夏不食心"的说法。根据五行（夏为火）、五成（夏为长）、五脏（属心）、五味（宜苦）的相互关系，味苦之物可助心气而制肺气。夏季属多汗季节，出汗多，则盐分损失也多，若心肌缺盐，心脏搏动就会出现失常。《素问·臧气法时论》曰：心主夏，"心苦缓，急食酸以收之""心欲耎，急食咸以耎之，用咸补之，甘泻之"。显而易见，个体在不同时期的心理变化与是否顺应季节变化具有相关性。正确认识自我与天地自然的关系，是获得更高智慧的前提。古人云：不畏浮云遮望眼，只缘身在最高层。只有心灵达到一定高度，才能看到更深更远的地方。心境提高了，一个人的智慧、能力和素质也会随之提升。这些固然不错，但古人也说：上以下为基，平淡朴实，常情常理，例如春播夏种，秋收冬藏，这类为普通人所亲近的日常经验，或许更接近自然之道。在生活中，我们往往被一些表面现象所迷惑，被根深蒂固的传统观念所束缚，难以找到应事接物的最佳途径，其关键在于没有将自我放下，放得再低一些，去贴近厚德载物的大自然。贴近自然，我们就能以一颗虚静清明的心去认真思考生活，认真应对人生。正如儒家经典《大学》说："定而后能静，静而后能安，安而后能虑，虑而后能得。"只有心灵达到宁静、安稳的境界后，人才能够洞察万物之规律，这时考虑问题才能周详，处理事情才能完善。而当一个人的内心有了一种安顿的感觉，生活便会有一种充实感。内心平静，思想清晰，智慧必有所

增，这样做事情才更有效率。这时人的主观能动性就会最大限度地发挥出来，帮助我们达到更高的人生尺度。

心灵智慧 林 景

三、用现代科技与专业方法结合的新成果来引导心灵智慧

心灵智慧空间里设有咨询接待室、团体辅导室、心理量表测评室、宣泄室、音乐催眠放松室、生物反馈测评室、个案咨询室等，占地300平方米。老师可以组织学生团体上机进行心理量表测评，根据测评结果，将问题归类，针对同类问题进行团体咨询；也可根据具体的问题，进行个案咨询，并结合使用宣泄室中的橡皮柱、呐喊机、架子鼓；沙盘室中的沙盘道具摆设含义、音乐催眠室中的音乐放松躺椅、生物反馈测评室中的生物反馈测评仪测评结果等进行更有效的咨询。心理咨询（counseling）意在对心理适应方面出现问题并企求解决问题的求询者提供心理援助。求询者就自身存在的心理不适或心理障碍，向咨询者进行述说、询问与商讨，在其支持和帮助下，通过共同的讨论找出引起心理问题的原因，分析问题的症结，进而寻求摆脱困境、解决问题的条件和对策，以便恢复心理平衡、提高对环境的适应能力、增进身心健康。心理咨询离不开咨询方法，这里我们综合运用的方法主要有：来访者中心法——这是由美国心理学家罗杰斯所创导的一种方法。其基本的假设为我们有了解自己问题的能力，也有解决问题的资源。行为主义的心理咨询法——这是以学习理论和行为疗法理论为依据的心理咨询，认为人的问题行为、症状是由错误的认知与学习所导致的，主张把心理咨询的着眼点放在来访者当前的行为问题上，注重当前某一特殊行为问题的学习和解决，以促进问题行为的改变、消失或新的行为的获得。认知行为心理咨询法——认知行为

疗法是一组通过改变思维或信念和行为的方法来改变不良认知，达到消除不良情绪和行为的短程心理治疗方法。精神分析法——通过自由联想、移情、对梦和失误的解释等来治疗和克服前期的动机冲突带来的影响的一种方法。

综上所述，心灵智慧空间的宗旨是从正面进行引导，根据人成长的规律，运用人与自然结合的理念，来宣泄情致；在宏观与微观的结合中，将小我个体融入大我的自然中，认识人随季节变化的身心反应，解疑去惑，同时运用先进的科技设备与心理咨询方法，如此将心理咨询提升到心灵智慧的高度，给商专心理咨询事业一个更加本质与美好的归宿！

十四、晚习馆

张雄伟　摄

晚风习习

◎ 黄跃舟

晚风习习，清新是谓；晚习温书，砥砺进取。藉学生公寓架空之地，辟学子晚间自习之所。列青商、高商、市商及财贸四馆，展"三商合一"历史渊源，现与时俱进办学特色。有筚路蓝缕之功，有薪火传承之迹，闽商之脉不断，自强之魂不息，更有实物旧影佐之，斯情斯景可励今之学子，象贤悦志，奋发成才！

馆不在大，恬然宁静；饰不必华，简朴惬意。宗旨归乎纯正，言行悉自圣贤。芳泽不忘师训，薪传在于读书。勤勉勿怠，培育好学风气；深思毋躁，养成自习良行；静心养性，摒弃陋习积弊。

读书之乐，非亲历者不知；书中之味，唯亲尝者是品。愿莘莘学子笃学敏行，是为记。

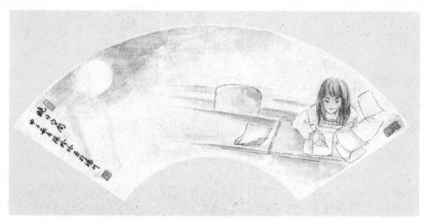

晚风习习 陈珍珍

文化解读

让心灵安家

◎ 郑苗颖

上大学的目的是什么？拿一纸文凭，找一份工作？是的。但绝非仅限于此。获取一种终身学习的能力，培育一种严谨独立的学术思想，树立一种追求真理的科学精神，塑造一个充实完善的自我，这才是大学生活的精义。自习是大学生活的主要内容，是大学生自我养成的重要途径。自习者，自主学习之谓也。自主的时间，自主的地点，自主的内容，为自己而学习——既钻研学问，也放松身心，既掌握技能，也丰富思想。而为学生提供课外研修之所，休闲身心之地，唯图书馆为能。因此，图书馆就成为普通高校不可或缺的基本设施。没有正儿八经的图书馆，临时的也行。我贵安校区"晚习馆"，集自习室与图书馆为一体，虽属临时设施，功能简单，环境简陋，却是学生最向往的课外研修和休闲之地，可谓弥足珍贵。

一、沁人心脾的一片"绿洲"

贵安校区位于连江县潘渡乡，距福州30多千米，地处山野，偏远闭塞，当年的"闽浙孔道"，周围青山环抱、绿水长流。由于建设资金十分困难，2011年首批几千名新生入住时，除教学楼、宿舍楼和一座食堂之外，基本的文体配套设施尽数阙如，学生面临"精神断粮"之困。所幸校领导十分关心学生的课余生活，临时图书馆很快进驻。

最初，临时图书馆设在食堂三楼，仅以喷绘广告布围隔而成，面积约400平方米。从湖前校区图书馆调来两万余册精选图书及50余种报刊杂志，集书库与阅览室为一体，开放时间从早上八点到晚上十点，全周开馆，手工借阅，终日读者不断。一年后，临时图书馆搬迁至教学楼架空层，分为综合书库和阅览室两间，面积扩大，功能分隔明确，采购新书数万册充实馆藏，报刊也增至三百余种。林彬书记多次莅临，亲自指导场馆布置，更利用企业资助，购置了空调，美化了环境。原本低矮的架空层，一经改造，居然满眼绿意，通风敞亮；综合书库也是图书满架，书香阵阵。每到课间，师生读者络绎不绝。

又过一年，因其他项目建设所需，图书馆再次匆匆搬家。这次是学生宿舍区，依旧是架空层，依旧简陋，但依旧是满眼绿意，书香阵阵。这次，林彬书记对场馆布置更是要求上升至文化意涵的高度。将临时图书馆命名为"晚习馆"——莘莘学子在晚风习习中休闲和学习，一语双关，充满诗意，真是一个妙不可言、令人心醉的称呼。更以商专百年历史中的辉煌时段，将四处晚习馆分别命名为青商分馆、高商分馆、财商分馆、市商分馆。还亲自组织编撰对联与格言警句，毛笔书法，装裱上墙，在营造浓厚文化氛围的同时，勉励学子们勤奋学习、自强不息。有这么两副对联，令人印象深刻，其一，青商职创德智体美群，成材不辜青云志，闽教开先恭宽信敏惠，弘德有唯赤子心。其二，停复中仍斗志昂扬，又文又武躬耕教道，简单里却信念弥坚，亦学亦工陶冶青春。

当然，这几处晚习馆与一座真正的高校图书馆相比，真的简单、简陋。但其中饱含着的校领导的孤诣苦心和全体教职员工的拳拳爱心，早已使之成为"文化沙漠"中一片沁人心脾的"绿洲"了，而且大家期待中的"图书馆"即将拔地而起，将来还与"晚习馆"相互辉映，更加沁人心脾！

二、弥足珍贵的"近水楼台"

大学学习与之前的应试教育最大的不同，在于学习知识的同时，深入探究学理，掌握学习方法，学会独立思考，敢于提出问题，在专注专业知识的同时做到博学多识，在掌握专业技能的同时兼具人文素养。我商专学子，更应在"明德、诚信、勤敏、自强"的校训中砥砺品格，实现自我完善。拥有了这些，未来才能厚积薄发，才能以不变应万变，才能有效应对日新月异的形势发展和与时俱进的知识更新。贵安校区，远离尘嚣，学子若能静心，晚习馆正是闭关修炼的绝佳洞天。

与教室自习相比，晚习馆场所固定，书刊满架，工作人员管理有序，宽敞明亮，洁净舒适，充满书香气息。那种坐拥群书的感觉，让人流连忘返。每到夜晚，这里灯火通明，人头攒动却又宁静祥和，直接培育着一种学习的风气。来者均怀读书学习之目的，人人埋头书海，创造了一个良好的学习氛围。这氛围自有一种约束力，利于培养阅读和理解能力，提高学习的效率和效果。自习之余，你可以随意找些书刊翻一翻，既消遣放松，也增加见识，扩大视野。我在想，此时此刻，宿舍走廊上路过的同学，透过玻璃窗户，见此情景，必心生向往吧！

晚习馆弥足珍贵处，还在它的"近水楼台"——就在宿舍楼下，便于学生轻装往返，无须携带大量课本，课余饭后随时出入。事实上，许多学生就是在晚饭后、散步时来此一坐，翻翻书，看看报。正是在这种轻松惬意的过程中，同学们养成了自习习惯。同学，你有福了。在校三年，可能是人生中最后的校园时光了，这样纯粹的学习阶段，自习成为一种生活方式，在琳琅满目的图书资料中，你尽情徜徉，对话百家，你爸妈知道吧！"虚室生静气，清怀对古人"，此庶几乎？我相信，在晚习馆度过的时光，必将成为你大学生涯的美好回忆，在此养成的自习习惯，必将让你受益终身。

大学生血气方刚，年轻的心总是躁动不安，这躁动之下蕴含着的能量需要释放，这能量的释放可正、也可负，所以需要引导。晚习馆的作用之一，就是可以将学生"心能"的释放引导到读书求知的正道上来。这里干净的环境和严肃认真、清静雅致的氛围，最是制约散漫放荡的不良习性的"良药"。在此学习，声音不知不觉放低，精神自然而然集中。在增长知识、提高眼界的同时，你乱扔垃圾、高声喧哗、公共场所吃零食、大声打电话等各种陋习恶习也自觉摒弃，一个博学儒雅的你就此诞生。所以，来吧！每天给自己一个晚习，让身心找到一个美妙的空间，让这个习惯陪伴着自己渐渐成长。

三、学子心灵的"安家之所"

事实上，晚习馆早已广受欢迎，尤其深得学生喜爱和珍惜。早晨尚未开馆，已有学生守在门口；夜晚闭馆时分，总有学生恋恋不舍。因为座位有限，每到考试季，馆内一座难求，各种"占座"方法花样百出。找不着座位的同学，或靠着书架，或蹲坐角落，更有甚者自带凳子。教师读者也时有来此，借阅专业图书，翻翻休闲杂志，或者备备课，或者打发等候校车的时间，给辛苦授课之余的自己一个优雅的小憩。这是时常可见的情景。我还经常看到有学生默默地、认真地帮着管理员干活，有时是修补破损书刊，有时是上架新书或帮着倒架。我曾经问过管理员，得知有些同学并非勤工俭学的学生。当时我只是心头一热，觉得这些学生真不错。现在，再想起这些情景的时候，我仿佛悟出了点什么。同学们如此喜爱和珍惜晚习馆，除了对知识的渴求，更有对年轻躁动之心的安抚。这块"沙漠绿洲"，正是心灵的安家之所。

是呵，让学生的心灵在此安家，还有比这更让人欣慰的吗？

四、人生学旅的"美好记忆"

或许，你会迷茫，甚至不屑：读与不读有何区别呢？多读几本书能有什么用？我想，在功利主义盛行的当今，有类似想法的人不在少数。那就请欧几里德多给你几枚便士吧，你不是要"学以致用"吗？其实，很多书你现在不读，可能工作以后就再也没有机会去读了。虽然不是每本书读了都一定有用，但是，因为你不知道究竟哪本书以后会有用，所以更要多读书。就这么简单。抛弃你庸俗功利的想法吧，晚习馆琳琅满目的书籍，冬暖夏凉的空调，干净舒适的桌椅，明亮通透的阳光，不足以让你踏踏实实地坐上一阵吗？

来吧。无论是独自一人来此苦修，领略"众人皆醉我独醒，期末考试领风骚"，或约三五好友聚集交流，"潜心备考过级，毕业笑傲同窗"，再或情投意合的男女同学互帮互助，共同进步，打造"学霸情侣"，这里都是你的不二之选。

值此毕业季，感怀下：

又一年，凤凰花，

多少人，背起行囊，准备上路。

曾记否，
那些挑灯夜读的日子，
那些静心泡馆的时光。
多年以后，你会不会记得，
那些曾经读过的书，和那些
一起读书的人？

十五、服装馆

C H A P T E R

江聪煌　摄

霓裳羽衣

◎ 黄跃舟

霓裳之曲，羽衣之舞，这情秀婉媚与柔美曼妙的应和，如同从云端飘来，却在不经意间走进历史，走进诗意，走进文人墨客，走进皇上妃子，走进宫娥彩女，走进千万百姓家，而久久无法消散。在历史烟云的氤氲中，"霓裳羽衣"渐渐被化解了江山与美人的对立，消融了迷恋与扼腕的交织，而成为一种服饰美的象征。这就是我们为福商纺织服装文化创意中心取名"霓裳羽衣"的缘由。

中国是一个文明古国，历经几千年的沧桑变化，传统服饰文化成为中国传统"衣食住行"文明体系中一个"领头"的文化形态。服，指人体身上穿的衣服；饰，指人体身上佩戴的装饰品。服饰的创造和发展衍变是一个看似简单、实则繁杂的过程。它的推动力潜存于民族文化深层意象之中，难以用语言来表述，但是它却折射着社会文化演进的错综迷离的关系，标示出社会在不同历史阶段的文化状态和精神面貌。经过中华民族世世代代不断的日积月累，历经五千年的风云变换，终于形成了兼容并包、异彩纷呈而又独具东方韵味的服饰文化体系，并对世界的许多国家尤其是亚洲各国产生了深刻而持久的影响。

这五千年的中国传统服饰文化是一条长河，它时而波澜壮阔，雄奇遒美；时而细流涓涓，婉约蕴藉；时而潮流激荡，奇诡恣逸；时而风平浪静，清朗隽爽……这五千年的服饰文化有许多鲜为人知的瑰宝，其中既包括先秦精美的玉佩，秦汉儒雅的袍服，魏晋飘逸的衫子；也有盛唐华美的妆靥，宋代朴素的背子，明代端庄的补服……它们既属于中国，也属于世界。

服饰艺术馆对于一所以培养应用型人才为目标的高职院校而言，既是交流的必需，更是一种研究的方式。建成展示的福商纺织服装文化创意中心由中外服装发展史展示区、中华56个民族服饰文化展示区、福商师生作品展示区组成。其间文化创意与服饰均由商业美术系服装设计专业师生亲手设计与制作。尤其承蒙长乐力恒、锦江等数十家纺织服装企业出资近百万元，与我们共同搭建了校企合作的优质平台，谨表谢忱。

当人类的千年文化之河在当代人心中渐去渐远的时候，我们愿意用人类的智慧和创造，撷取几朵美丽的浪花，将包括"霓裳羽衣"在内的多元文化形态充分展现给世人，让人类优雅的文明光辉照耀我们今天的生活。

文化解读

融民族服饰文化精华于现代生活中

◎陈雪清

服饰是人类文化的象征，是人类生活中不可缺少的组成部分。建立福商纺织·服装文化创意中心馆的指导思想，是突出体现我国高等职业教育课程改革的基本精神，立足于面向全体学生，促进学生创新精神和实践能力的培养；以人为本，充分考虑学生发展的需要，以便学生自主选择，在继承中华民族悠久历史和服饰文化传统的基础上，充分体现社会的进步与发展以及多元文化。在教学环节和活动方式上，充分考虑开放性与立体性，既满足教学与评估的需要，也为教师的教学提供现场实践性场所，而不是像以往那样提供参考书籍，从而达到启发教师的教学思路，因材施教，提高学生自觉学习意识，产生最佳的教学效果的目的。

本馆主要划分为四个区域：中外服装史展板展示区域、56个民族服饰立体造型展示区域、长乐十大纺织服装品牌企业合作的成果产品展示区域、我校商业美术系师生服装设计获奖作品及历届优秀毕业生作品展示区域。

一、在中外历史的天空里，折射人类服饰文化的魅力

中外服装史展板展示区域分为两个部分：中国服装史部分从殷商时期开始各个历史时期的服装演变和汉族与少数民族服饰的相互影响；西方服装史部分从古埃及到今天，以欧洲为主的西方服装在不同历史背景和文化潮流影响下的发展演变。

中外服装史展示的方式以服饰文化展板为载体，主要通过图文并茂的方式，对几千年来中外服饰文化的发展脉络做出简单明了的说明。本区域的展示着眼于纵观中西服饰的发展历史和现状，拟从人类文明的角度，系统地阐述中西服饰发展历程，并通过文化展板的设计，从历史的服装现象中透析不同时代、不同地域、不同民族服装的文化本质，提升学生的专业素养。展板在实用性方面引入了设计方案分析，这些灵感源于或中国服饰文化或西方历史服饰文化为当代设计案例，极大地丰富了教学的内容，加强了学生实践动手能力的进一步提高。

纵观中华民族的服饰发展，从"皇帝、尧、舜垂衣裳而天下治"（《周易·系辞（下）》）至今，已有五千多年的文明史，在这五千年的中国历代传统服饰文化演变长河中，经历了周代的冕服、战国的深衣、秦代的三重衣、汉代的曲裾或直裾袍服、晋代的大袖袍服、隋代的盆领大袖袍、唐代的圆领窄袖衫、宋代的圆领大袖袍衫、元代的窄袖大襟长袍、明代的缀有补子的盘领袍、清代的马蹄袖长袍马褂等，每一时期的服饰都是在上一时期的基础上，经历了萌芽、形成、融合、渗透、成熟的各个阶段。中国二十四朝的历代服饰都严格遵循着中华民族统一的文化心

理，中国文化成为中华民族服饰艺术长期延续不断发展的前提。

二、在课程项目的模块中，再现56个民族服饰艺术语言

服饰造型展示区域中的56个民族服饰立体造型的设计与制作，是以课程项目为依托，实现模块化的教学模式，有针对性地对教学内容、教学手段和教学方法进行改革，再现56个民族服饰艺术语言。它改变了原来以教师为中心的教学模式，使教师在传统的"传道、授业、解惑"的基础上，增加"传技"，同时使学生由重"教"转变为重"学"，由重"学会"转为重"会学"与"会做"，此之谓"授人以鱼，不如授人以渔"，给学生留出了广阔的思维空间，让学生有展示自己才能的舞台，充分尊重学生的个性与创新精神，切实提高学生的主动性、创新精神和创作能力。

中国不愧是衣冠王国，有关服饰的字、词、句、成语乃至歇后语，不但影响全民的语言，而且影响人们思维的表达方式。在中国的语言成语中，就有衣锦还乡、两袖清风、穿红挂绿、一衣带水等，可谓俯拾皆是，以衣取名、妙不可言。唐代舞乐的曲谱里，就有《送征衣》《红罗袄》《拂霓裳》《同心结》等。在京剧中剧目选用服饰字、词有《打龙袍》《绣襦记》《白罗衫》《拾玉镯》《斩绨袍》《晴雯补裘》等。还有在单词中如裙带、裙钗、连襟、布衣、左衽、袖珍、巾帼、面首、粉墨、便衣等，也都成为某些生活角色或现象的代名词，所指远远超出了词语的原意。在歇后语中"二小穿马褂——规规矩矩"的人，甚至于当学者名士疯狂地爱上自己所倾慕的女子时，也会不顾身份尊严，自称"拜倒在石榴裙下"。历史证明，与服饰相关的词语总在不断地得到补充或出新，不断地被借来形容某些领域的形象和现象。还有的俗语，如"土老帽儿""盖帽儿"等都活灵活现地反映出民众对生活的敏感性以及对捕捉事物本质的能力与标准性。服饰文化直接影响到语言文化，而语言文化在运用服饰术语时又是如此贴切，与人的生活息息相关。

56个民族的服饰与语言艺术是我国世世代代锤炼和传承的文化传统，它凝聚着各民族的性格、民族精神、民族的真、善、美，是中华民族彼此认同的标志，是祖国同胞沟通情感的纽带。56个民族服饰绚丽多姿，内涵丰富的传统文化也是我们中华民族对人类文化多样性发展的巨大贡献。在此，值得一提的是56个民族服饰，是我们服装班的同学们在老师的指导下，在面料质地、纺织、色彩、款式、工艺、图案、装饰等诸多方面，进行了精心设计和挑选，认真地制作，在制作过程中孜孜不倦地追求完美。本区域对于民族服饰文化的展示，通过对各民族服饰文化的文字介绍，结合服饰实物的展示，使学生对我国的民族服饰文化形成直观而生动的了解，提高学生的文化素养，在潜移默化中得到熏陶，有助于加强学生的爱国主义教育。

三、在校企合作的平台上，挖掘文化产业的内涵精髓

产品展示区域设计创建的指导思想是坚持"以服务为宗旨，以就业为导向，

走产学研结合发展道路"，培养产业转型升级和企业技术创新需要的发展型、复合型和创新型的技术技能人才，以教育部《关于推进中等和高等职业教育协调发展的指导意见》（教职成〔2011〕9号）的文件精神为指导，促进专业与产业对接，全面推进"校企合作、工学结合"人才培养模式改革。提升校企合作平台，进一步探索、建立校企合作长效机制，以工学结合为切入点，深入开展人才培养模式改革，以培养发展型、复合型和创新型的技术技能人才为根本任务；以主动适应社会需要为目标、以培养职业能力、可持续发展能力为主线设计学生的知识、能力、素质结构和人才培养方案。加强实践教学和培养实践能力的原则，进一步完善相对独立的实践教学体系，以使学生掌握从事专业领域实际工作的基本能力和基本技能，大力推进校企合作、工学结合，突出实践能力的培养。

中国服装产业正值转型升级时期，它对服装高等职业教育专业人才基本素质、知识结构和专业能力提出了新的要求，要真正成为一个服装强国，就必须及时培养一大批有中国特色、能适应成衣设计、加工、营销这条产业链的综合应用型人才。商业美术系服装专业设计把话题转变为实践课题，建立"产—学—研—人才培养"互动互利的双赢关系。因此，在实践过程中，加强专业特色建设，继续优化和创新人才培养模式，不断创新教学模式，如"项目式"教学，使"多元化"的服装人才培养式的课程体系，能够适应企业、社会的需要。同时在实际的教学过程中，积极与纺织服装企业展开密切合作，将理论教学与具体实践相结合，促进人才培养的质量，积极契合社会对服装设计人才的需求。

多年来长乐纺织服装在发展实际中，始终坚持实施品牌战略，坚持求实创新，以质量、管理、品牌为依托。走科技型、规模型发展道路，品牌价值日益提升，承载着长乐服饰文化产业建设的精髓。长乐纺织服装设计追求时装化、休闲化、简洁化，体现人类对简约生活的追求。随着经济全球化时代的到来，还将向国际流行的自然方向发展，以一种崇尚自然的心态来演绎时尚，以一种平和自然的色彩去闪耀生命。

四、在原创作品为线索，展现设计创意的新风采

我校服装设计专业从2005年成立起，就积极开展与企业的合作。历届优秀毕业生作品的展示，不仅是毕业生学习成果的集中展示，更是毕业生向社会、市场自我推荐的一种方式。展览项目的主旨不仅限于我校服装设计专业的教学质量监控的常规活动，更在于全面展示我校当下的教学理念和探索方向，客观呈现出新时代背景下当代服装艺术应有的面貌。展出的作品也不只是他们为完成学业而做的"作业"，更是学校传承创新的育人宗旨与因材施教的教育方法所综合作用的成果。通过师生原创的作品展示，体现了民族服饰元素与时装设计的结合。在具体的教学过程中，很好地做到了理论与实践的结合。例如《综合课程设计》的课

程教学有安排外出进行民族服饰的采风，老师们都做了详细的文字记录和图片收集工作，并进行了个案分析，如通过苗族、侗族、傣族、纳西族、羌族等民族地区以及福建惠安女服饰的演变的调查，从中发现少数民族服饰饱含着许多时尚的元素，符合现代人的审美需求。

对于一所以培养应用型人才的高职院校而言，培养的学生具有现代服装品牌设计理念、懂工艺、会制作、能设计、善创新。我校商业美术系服装设计专业在课程设置上以分模块化进行教学，毕业设计分为最大的三个模块：服装设计＋设计说明、工艺设计＋成衣展示、顶岗实习＋实习报告。服装设计、工艺设计为两个模块，时间为8周，根据学生就业方向或专业方向具体确定，主要体现学生的基本素质，结合企业的生产要求进行完整的工艺设计，如西服工艺设计、衬衫工艺设计、夹克衫工艺设计等。在设计中要体现款式设计要求、产品定位、面料选择、工艺流程缝纫、打版、推版、排料、工序分析和设计、产品质量检验以及产品展示效果等。从而使每位学生将所学基本知识全部连贯起来。同时，把参加行业、企业比赛的项目融入到毕业设计中去。顶岗实习＋实习报告模块，时间为13周，模块化毕业设计至少可带来三方面的好处：一是和就业方向结合，让学生提前进入就业环境体验，就业之后没有陌生感；二是培养学生的合作精神，对社会的责任心和使命感；三是扩大了学生的知识面，锻炼了专业实践能力、发现问题和解决问题的能力。在模块化人才的培养中，教师队伍的提高是首要条件，才具有创造性的教学设计，教师是学生创新的领航人。

在教学过程中与福建福田服装集团公司合作，至今已成功举办了七届"福田杯"服装设计竞赛，将竞赛与学生的毕业设计相结合，校企合作成果显著，涌现出许多的优秀设计作品。

霓裳羽衣　陈雪清

十六、美术馆

江聪煌 摄

福商艺苑

◎ 黄跃舟

泱泱华夏，人文葱茏，艺术连根，英华竞秀。滥觞于劳作，发轫已千载。岁逢甲午，季在盛夏；实训大楼新竣，架空底层巧借；福商艺苑，宛如天成。发起者怡情，施艺人快慰。实可欣也。

观夫此苑，琳琅满目，大气磅礴。校内校外艺术方家，如苏子临风，施旷世秀群之才；似醉翁把酒，移高云雅兴于苑。漆语陶艺斗艳，雕塑篆刻争芳；书和谐盛世，绘锦绣江山，蕴时代神采，现民族风情。作者赏心，观者悦目。真乃高哉。

悟其风格，千秋各具，异彩纷呈。篆隶真草齐全，山水虫鱼荟萃。有耆宿之精品，天资自然者如闲云漫渡；风神遒丽者似霓彩横空。有中坚之力作，或雄逸、或纤美、或写真、或纵意，或隽逸疏宕，或苍茫妍润。有新秀之初构，莘莘学子后来居上，勇采大家之风，敢夺先人之意。其陶情冶性之能，不言自喻；其曲水流觞之趣，贵比千金。不亦乐乎？

艺苑虽尺幅天地，然其能其功不弱。赏书品画，凭文会友，仗艺联谊，抛砖引玉，博采众长，理同根之气脉，抒师生之情怀，握手于海西大地，比翼于艺海高天，同建人生幸福乡，共圆百年中国梦。确乎幸焉！

福商艺苑　周海彬

文化解读

艺苑聚百花　匠心展创意

◎ 周海彬

福建商专在学校发展的过程中不仅专注于教学优质品质的保证，新校区建设上，更着重于高校文化建设，全面提高学生的综合素质，使学生毕业之后更好地融入社会，共同推动高校文化的建设与发展。新校区在建设中，"福商艺苑"作为一个创新型高校美术馆，其功能不再局限于作品展览、陈列等传统教学任务，它在充当高校传统美术馆角色的同时与相关行业、企业合作一同打造一个创作型实训基地，将培养学生的生产实践能力落到实处。

"福商艺苑"作为一个美术馆不仅陈列着各方面优秀人才的作品，也保留着本校师生的优秀美术作品。旨在促进学术交流与学生技能提升和发展，在交流中获得思想上的启迪，获得更多的创意，创作出更多的力作，展示一个创新型文化理念校园。

一、陈列收藏艺术佳品之阵地

"福商艺苑"位于新区实验楼架空底层，馆内环境轻松，学习氛围浓厚，让人在轻松的环境氛围下，品鉴大师力作，赏析新人初创。

随着中国经济社会的发展，"美术馆时代"的到来，博物馆、美术馆势必成为国民素质教育的重要场所，近几年来国家对大学生综合素质的培养愈来愈重视。"福商艺苑"作为一个美术馆，提高大学生的赏析与审美水平也成为高校建设的一个重要任务。馆内展示高校教师的美术作品，同时也为学校保管收藏重要的文献资料。"福商艺苑"不仅能拓宽学生审美能力，更能让学生从中学到知识，培养自主创业的能力。

"福商艺苑"馆内有设有素描与色彩绘画实训室、电脑图形设计实训室、摄影工作室、旅游工艺品设计工作室、服装设计工作室5个实训工作室。其内陈列授课的教授和客座教授的优秀作品供给校内外人士沟通和交流，同时，作为一个交流的平台，其内还陈列着不同优秀人才的作品，就像百花齐放一般。

二、实训提升艺术技能之平台

"福商艺苑"作为一个实训工作室的汇聚地，其内设有陶艺实训工作室、雕塑实训工作室、书画篆印工作室、漆艺实训工作室、广告印刷设计工作室。

印刷充当着历史的记忆者，它在复制文字与图像的同时记录和传播着相应的历史文化。中国作为最早发明印刷技术的文明古国，我们所熟知的印章即是它的早期雏形。印章在历史上主要的使用功能是作为记号或标记的证明，印章对印刷技术的发明有着十分重要的启迪作用。广告印刷实训工艺室结合学校和企业的优质资源，满足教学需求的同时又培养了学生自主创业能力。

中国的漆画是在我国悠久的传统漆器的基础上发展起来的。它既可以属于工艺美术范畴，也可以作为绘画的一个新品种，具有工艺美术和绘画的双重属性，是绘画和工艺相结合的边缘学科。福州脱胎漆器是清代以来的传统产品，它的特点是：造型美观而富于变化，轻巧而坚韧，色泽艳丽，光亮如镜，髹饰的方法繁多，具有独特的民族风格和地方特色，在国内外享有很高的声誉。"福商艺苑"为了满足社会需求，也在艺苑里设立了漆艺创作实训工艺室。

陶瓷在中国的历史非常悠久，外国人称中国为"China"，而china在英语中的原意是陶瓷器，从外国人的称呼上就可以看出，在中国文化的历史发展中陶瓷器所占的分量。福商艺苑的陶瓷实训工作室在设计上分为中国陶艺发展历史文化展示区、客座教授和大师作品介绍展示区、制作间以及烧制间三个部分，安排了拉胚机六台，柜式全自动窑炉和一系列的陶瓷制作的设备，能够满足学生在这里直接完成陶瓷制作和烧制全过程。

雕塑是使用各种可塑材料或可雕、可刻的硬质材料，创造出具有一定空间的可视、可触的艺术形象，借以反映社会生活、表达艺术家的审美感受、审美情感、审美理想的艺术。学校作为福建省工艺美术学会雕塑专业委员会副会长单位以及秘书处常设地，将雕塑实训室在设计上分为中国雕塑发展史文化展示区，作为我省雕塑家创作实践的一个基地以及美术系学生课程实践的一个实训基地。

中国五千年璀璨的文明及无与伦比的丰富文字记载都已为世人所认可，在这一博大精深的历史长河中，中国的书画艺术以其独特的艺术形式和艺术语言再现了这一历时性的嬗变过程。书画印实训室在设计上分为中国书画篆刻艺术发展史文化展示区、客座教授书法家作品介绍展示区、书画篆刻创作空间三个部分。学校设想将实训室建设成为我省乃至全国书画名家创作实践的一个基地以及美术系学生课程实践的一个实训基地。

三、校企合作共育人才之场所

"福商艺苑"充分发挥着传统美术馆的教育功能的同时也不断推陈出新，将教学任务结合企业、社会个性化需求有机结合，拓宽了教学思维的宽度和广度，全面激发学生的学习兴趣，提高学生学习的积极性和主动性，充分提升学生的全面素质，使其更好地适应社会，满足企业、社会对学校人才的培养需求。

在"福商艺苑"美术馆内工艺美术大师可以现场创作，现场教学，通过这样的实训教学方式，我们的学生可以更加近距离地面对艺术创作，这样从经济技术发展与高职教育两方面来说都相互支撑，达到教与学的双赢。随着中国经济社会的发展，中国的美术馆正处于一个新的建设时期，近十年来各地兴建的美术馆如雨后春笋般涌现，美术馆已经开始扮演着非常重要的角色并有效促进了艺术创作。

四、心灵碰撞生发创意之佳地

著名文献资料《兰亭集序》就是王羲之等群贤汇聚于会稽山阴之兰亭，在崇山、茂林的优美环境之下流觞曲水，畅叙幽情。此亭就类比"福商艺苑"，环境优美，吸引着校内外各式技艺能人之士齐聚于此，品瓷韵漆意，展雕塑篆刻；书和谐盛世，绘锦绣江山；蕴时代神采，现民族风情。

"福商艺苑"是一个佳品展示、文化交流、艺术探索的地方，也是学生学习、展示才华的平台。"福商艺苑"旨在促进学术交流与学生技能提升和发展，在交流中获得思想的碰撞和启迪，获得更多的创意，创作出更多的佳作。

创意在当代社会可谓是最宝贵的财富，"福商艺苑"美术馆打破传统的教学模式，充分考虑了学生的发展需求，根据学生需求，将传统教学模式和美术馆的职能有机结合，激发学生的创意思维，使学生在创意的海洋里遨游。学生在与老师交流的过程中不仅仅提高了自己的读论水平，同时也提高了自己的交流沟通的实际能力。教学的成功主要体现在理论运用于实践，将理论牢牢扎根于实践当中，长出理论与实践相结合的枝叶。同时，交际能力也是学生适应社会很重要的一个方面，学生在美术馆交流学习、创作，潜移默化地提升了自身的学习能力、交际能力、合作能力，使学生素质得到全面提升，使教学成果实现质的飞跃。

五、对外交流传播文化之窗口

"福商艺苑"美术馆作为校园文化很大的一部分，就像一个默默的公益者，为学生谋求最大学习交流机会的目的，给学生提供学习交流的平台。在这思想的海洋里，也许任何思想的碰撞都会创造出更多的独具创意的美术作品。"福商艺苑"美术馆也扮演着传承优秀思想的角色，它收藏优秀教师、学生的优秀作品，提供给更多热爱学习的同学评鉴赏析。同时它也向校外人士传递着"福商艺苑"的创意思想，展示我校优秀师生的作品，突出表现我校教学质量和培养模式。

"福商艺苑"作为学校的美术馆在一定程度上承担了公共教育推广的部分职能，它可以对外开放，还可以在此举办大型的展览活动。对校内师生而言，"福商艺苑"是一个交流平台；对于校外人士、企业而言，"福商艺苑"美术馆有宣传窗口，对外传播商专文化内涵。它不拘于校内资源的利用，正逐步成为学校一个重要的文化符号。因此，无论从专业教学美育推广还是社会交流的角度来看，学校美术馆的建设也是非常重要的。一所好大学，专业知识的训练固然重要，但如何启发学生了解文化在当代生活中的整体价值、引导学生建立自身的审美价值判断也十分必要。

十、文 苑

江聪煌 摄

文心雕龙

◎ 陈达颖

　　建文苑之原旨，乃现代大学"文化传承创新"之使命。集文为苑，以文会友，精雕细琢，以斑窥豹，现场馆之精义，传文化之理念，展福商之风骨，甄学子之素养。

　　"文"乃百年福商之文化积淀。文以载道，融闽商文化、书香文化、场馆文化、广场文化、特色文化于一体，荟明德诚信、勤敏自强之校训，现文理并重、文商交融之风格，体知行合一、实践育人之特色。"心"乃百年福商之办学心路。言为心声，文如其人。沐教化，蹈中庸，敫甘泉，披和风；展右学上庠，讲道积德；涵天圜而地方，拟规周而矩直。"雕"乃百年福商之细琢苑囿。聚文化展馆题记，谱菁华历史意蕴。笔墨荟萃，广集各路贤达；饱学处士，书就学养精魂。心摹手追，博采众长；书法平和自然，笔势委婉含蓄，特色展延，赏心悦目。"龙"乃百年福商之腾飞希冀。棲凤教坛承传百载千般文，登龙古道续谱一地万象苑；创立文化展馆秉承学府百年积淀，耕耘教坛圃衍杏坛千载风华。

　　涵养化育，教泽宏敷。甲午清秋，是以为记。

文心雕龙　何晓琴

集文为苑 以斑窥豹

◎邱志玲

百年商专的文化积淀可圈可点，"文苑"则是具体而细微地体现商专的文化发展脉络，虽是"草蛇灰线"，却又清晰绵长。驻足文苑，感觉商专校园文化建设无一处不体现道德传承，无一处不体现现代教育的观念与成果，无一处不能感受学校提倡传统文化的"恭、宽、信、敏、惠"的五种基本做人品德，弘扬"不二过""不持有""历史自觉"的理念，培养学生"讲究做人、学会做事"的能力，因此，文苑足以体现商专的"闽商文化"旨意。

文苑陈列了商专校园文化建设过程的硕果，麻雀虽小五脏俱全。这里，浓缩了商专校园文化的外形，所以文苑是福建商专校园文化建设成果视窗。特别值得一提的是，福建商专领导班子把连江潘渡的福建商专新校区建设与最前沿的校园文化精髓相融合，再传承学校办学百年历史精华，经过三年稼穑，福建商专在连江乃至全国，名声鹊起，既带动连江地方文化与经济腾飞，又成为同行业翘楚。漫步文苑，对福建商专办学理念的"文韬武略"可窥一斑。

一、以心传心，以文化人，百年商专春风化雨

文苑是商专文化建设的窗口。言为心声、文如其人。文苑里的作品，从侧面反映了商专文化建设的发展进程，折射出学校的办学思想。文化建设是一个需要用心来打造的心之路。文苑里，商专教师书法、论文、专著等琳琅满目，文苑陈列了福建商专校园文化建设过程的硕果。文苑集合了商专校园文化的外形，这些作品内容却又是商专校园文化的内核，可以与每个涉足文苑的人以心传心，形神同时沟通，以领略商专文化之"风骨"。以心传心本是佛教用语，指传授禅法的一种特殊方法，即离开语言文字，以慧心相传授。把这个词借用在文苑描述上，本意是讲商专的校园文化在文苑得到浓缩的体现，眼之所见、目之所及，都是文化，可以慧心相传授，可以锦绣文章引以为傲。

从文苑的延伸到校园，能看到近年来福建商专校园文化建设摸索出一条有特色的路子，百年商专的校园文化建设显现与时俱进的决心和高度重视校园文化氛围的决策——环境文化、配套文化和实训文化构建了福建商专独特的校园文化。软件与硬件大幅度更新换代与科学布局让商专校园文化建设日新月异、独树一帜。环境文化侧重校园人文自然景观的巧妙结合，依山傍水，一地一景；配套文化侧重学校场馆建设，文化气息浓郁、信息涵盖周全；实训文化是福建商专校园文化建设之奇葩！充分体现学校领导运筹帷幄的大度，更是体现"闽商摇篮"

特色商科文化的力作，为大力弘扬中华民族的道德力量，把"闽商文化"做大做强。文苑内所陈列的文稿、作品是学校办学过程的集萃。百年商专，我们引以为豪，傲人风骨，可以以心传心。商专文苑以文化人，润物无声。

二、以德服人，以德育人，八闽商科润物无声

孟子说："以德服人，中心悦而诚服也。"文苑是商专校园文化建设的缩影，走出文苑看福建商专校园，每个场馆都有一题记、一解读、一展示的格局，与文苑体现的主题相映成趣，丝丝入扣。场馆内容注重传统教育的美德宣传，弘扬中华民族道德精神，从中也可以看出福建商专校园文化的原创性。校园内所有场馆都是师生的心血，场馆布局自己设计，字画都是本校老师的原创作品。校园的墙体文化，或浮雕，或展板，或楹联，每堵墙壁都会"说话"，在合适的地方都会有适合的主题，恰到好处，赏心悦目。其中的宣传作品和文集都出自福建商专各级领导、老师、教授之手，体现现任校领导孜孜以求的辛勤耕耘和高瞻远瞩的教育观念，堪称表率。文以载道，自然以德能服人。文苑内马启雄老师写的四副对联"栖凤教坛承传百载千般文，登龙古道续谱一地万象苑""桃李不言饱蕴百年树人理念，芳泽广施衍溥千载育才精神""创立文化场馆秉承学府百年积淀，耕耘教育圃衍杏坛千载风华""向文化探赜不亦乐乎，趋大道求本岂可懈哉"，字体遒劲豪放，内容引人向上；文苑的橱窗摆放的各个文化场馆的题记，是由林翔老师书写的，介绍简洁，文字优美。因此，福建商专校园文化建设带有不可复制的原创性，个性独特，品质高雅！

文苑展示了商专师生社会活动的情况。在社会主义主旋律教育的前提下商专学生专业协会和社团活动蓬勃展开。广大学生具备良好的职业道德意识、敬业精神和责任意识，注重校园文化与企业文化相融合，活动让广大师生感悟"闽商文化"的精髓。学校设立了"闽商文化研究基金"，实现校企在文明创建中深度合作，既让企业扩声誉，又使学校得支持、学生获实惠，对推动校企共同发展和人才培养产生积极的促进作用，使"闽商文化"在实践中发扬光大。

福建有独特的文化，如朱子文化、海洋文化、畲族文化、闽南文化、客家文化等。商专的"闽商文化"无疑也可以列入福建文化或者成为福建文化的一分子。历来，"商"往往让人想到"无商不奸""唯利是图"这样的贬义词，但我们的"商"有高尚的道德传承，有深厚的文化底蕴，因此我们商专提倡的"闽商文化"是儒家"以德服人"的接力棒，是为了让我们的文化更加纯粹、传播得更远。

三、以文会友，以友辅仁，商专文化深入人心

设立文苑的目的之一是以文会友。蔡元培曾说过："欲知明日之社会，须看今日之校园。"从这个意义上说，学校管理的好坏直接影响着中华民族的未来。因此，加强学校管理、提高管理水平是每一个管理者义不容辞的责任。大学是社

会的"风向标"和"导航仪"，对国家的发展和社会的进步发挥着深刻影响。目前，大力弘扬校园文化，提高当代大学生文化素养和知识水平，已成为国家文化软实力发展迫切需要的内容。它将对未来国家综合国力的提升起着重要的作用。文苑里所列著述，很能体现这方面的思考。

高校作为文化的发源地，传承着国家、民族的文化，而且还要创造和引领国家、民族的未来文化。大学不仅是学生做学问的场所，更是提高道德境界、培养精神气质的圣地。百年商专，人才济济，师生教育、文化交流频频。福建商专的校园文化丰富多彩，蔚为大观，在校园文化建设过程中，福建商专不仅充分挖掘当代大学生的潜能，体现当代大学生的精神与活力，而且还使大学生的人生观、价值观、世界观得到正确的引导和升华，从而对福建商专未来校园文化的发展起到了积极的推动作用。文苑的作用就是让福建商专校园文化对内传播，对外传扬，促进校内外文化交流。

文苑所介绍的福建商专的校园文化既包括浓厚的学术氛围、丰富的文化生活、和谐的人际关系，还包括文明的校园生活方式、良好的校园环境、共同的价值取向，这里还彰显了福建商专百家争鸣、百花齐放的学术氛围。福建商专文苑的设立，当然也想效仿蔡先生的做法，让商专更大、更强、更美。曾子曰："君子以文会友，以友辅仁。"因此，商专文苑所体现的文化风骨是我们对外交流的友好渠道，也成为我们要提升的理想校园文化的软实力目标。我们想通过文苑，致力于以文会友，提升商专文化软实力，让福建商专的校园文化更具吸引力，不仅吸引我们的师生，还要吸引八方来客，让福建商专的文化形成特色，广为传播。

另外，我校于2004年成立了"闽商文化研究所"，其宗旨是"联谊交流、共创发展、服务社会"，主题是"弘扬闽商文化、宣传闽商精神"，原则是"走出去、请进来"，与相关的政府部门和文化研究所开展广泛的学术交流，广泛接触成功闽商，引荐成功闽商为学生介绍创业实践，这与文苑介绍展示我校校园文化建设做法、成果之功能不谋而合、相得益彰。

总之，文苑仅仅是校园一隅，不过在这里人们可以感受学校秉承"爱国奉献、追求卓越"的办学传统，可以明确"明德诚信、勤敏自强"的校训，可以体会"知行合一"的校风，也可以发现"文理并重、文商交融"的学术风格，可以领略"校企合作、实践育人、恭敬躬行"的办学特色，百年商专真正塑就成因文明化育而"厚重"的教育圣地和精神殿堂。我们通过"文苑"，想让每个商专人站得更高，看得更远；更想让每个商专的朋友走进商专，携手团结，互利互助，取得更多教育成果。

十八、福光馆

张雄伟　摄

福建之光

◎黄跃舟

"闽商之观念，最重是故国。家门为圆心，理想为半径；驰骋万里，收获大千。然人在羁旅，心系乡关；天涯黄金屋，故土篱笆墙；两厢不弃，万里同春。出则兼济天下，归则反哺梓桑。"陈章汉《闽商宣言》对闽商浓浓乡情的抒怀回响八闽大地。

侨居海外的"闽商"更具有突出的恋祖恋乡情怀，他们对祖国的独立和富强寄托极大的希望，而祖国强大的磁场又吸引着广大华侨以各种形式报效祖国，其中回国捐资办学、发展祖国的教育事业是他们的孜孜追求，福光基金会即是海外"侨商"捐资办学方面有突出影响的杰出机构与成功示范。1989年由祖籍福建南安的澳大利亚华人企业家李明治先生捐赠正式成立的福光基金会，成立20多年来历届省政府领导先后担任基金会信托人，且省政府专此予以表彰并立碑褒扬。基金会成立以来，先后举办了70多期涉外经济管理培训班，参训学员近2 000人；并先后资助18名党政干部、高中级经济管理和法律工作者及学科专业带头人到国外攻读学位、合作科研及顶岗培训；同时，基金会在本省高等院校设立"福光奖教奖学金""福光博士生奖""福光博士生助学金"等奖项，积极资助学校改善办学条件、参与社会慈善活动。

福光基金会1997年与香港公开大学合作举办高级工商管理（MBA）研修班，3 100多人获得香港公开大学硕士学位。福光基金会2011年与福建商业高等专科学校更是本着长期合作、资源共享、平等互利、互相发展的原则，共同兴办"福光工商管理学院"。学院坚持职业化办学理念，以国际化人才培养为目标，开设一批国际化特色专业，培养"理实一体、能力本位、素质优秀、国际视野"的应用型国际商务与管理人才，努力实现"人无我有、人有我优、人优我特"的办学特色。

福光，福光，福建之光。为福建省培养更多更好"光大"经济社会发展的领军人才。

福泽八闽　光耀九州

◎尚玉瑞

福建商业高等专科学校在新校区建设过程中将文化视角纳入其中，全力打造35处文化场馆和文化景观，"福建之光"便是其一，其位于波光粼粼、杨柳依依的"心湖"对面。走进馆内，一尊铜像赫然在目，慈眉善目，一身正气，此乃福光基金会创始人李明治先生像。李先生是闽商，也是侨商，他在25年前在福建播下了"一粒善意的种子"，如今这粒种子已生根发芽，茁壮成长，造福社群，更是福荫到享有"闽商摇篮"美誉的百年学府——福建商业高等专科学校，于是，"福光工商管理学院"应运而生，并自此开启了福建商专与香港公开大学"专接本"实验班的尝试与合作历程。

一、播"一粒善种"映现"敢拼会赢"闽商精神

福光基金会是侨居海外的闽商李明治先生播下的"一粒善意的种子"，播下的种子如今已深深扎根于福建沃土，人们看见它、说起它便会不由自主地念起悠久的闽商历史和泱泱的闽商精神。

1. 播撒善种，琢玉扬华

辛弃疾《水调歌头》有言："天地清宁高下，日月东西寒暑，何用著功夫。"这可以说是侨居海外有着怀乡恋祖情结且反哺桑梓数十年的闽商——李明治先生的真实写照。李明治先生是祖籍福建南安的澳大利亚华人企业家，他于1989年向福建省人民政府捐赠款项，于1990年正式注册成立非营利性组织福光基金会，此基金会由历届福建省领导担任基金信托人。基金会成立20多年来，先后由省长陈明义、贺国强、习近平、卢展工，副省长汪毅夫、陈桦担任信托人。"对于基金会，我个人不需要任何名利，唯将其视为一粒善意的种子。"这是李明治先生在福光基金会成立二十周年活动上发表的感言，更是其琢玉扬华高尚品质的生动表达。

2. 历史悠久，闽商辉煌

福建商专享有"闽商摇篮"的美誉，从1906年闽商黄乃裳创建福州青年会书院培育商界英才之日起，不过百余年，而闽商作为中国历史上十大商帮之一，历史更是悠久，它始于汉唐，与晋商、徽商齐名。汉许慎《说文解字》云："闽，东南越，蛇种。"说的是闽人的氏族图腾为蛇，即古人谓之"小龙"。"闽"字门里一条虫，出门便成一条龙。闽商文化，是龙的传人的文化。有人形容说：世界上凡有人群的地方，就有华人；凡有华人的地方，就有闽商，可见，闽商的国际化特色。据统计，福

建现有在海外华侨1 100多万人，分布在世界170多个国家和地区；闽籍的港澳同胞120多万人，闽籍台胞几百万人。这些闽籍华人资产存量估计超过3 000亿美元。在国内，在福建省外投资的闽商人数已超过250万，迄今闽商在全国各地成立的商会已逾200个。

3. 爱拼会赢，回馈桑梓

在海外，闽商是第一大华人商帮，是国际商界劲旅，世界华商500强中，闽商占了十分之一强；在国内，闽商是中国经济舞台最活跃的商帮之一。从19世纪末至今的100多年间，闽商中涌现出了一大批创领时代的风云人物，如有被誉为"华侨旗帜，民族光辉"的陈嘉庚，有东南亚首富、印尼华商林绍良；有被称为"万金油大王"的胡文虎；有"水泥大王""面粉大王""地产大王"之称的林文镜等，他们一个个都是闽商巨贾。闽商之所以能成功，在世界上有这么大的影响力，都与"闽商精神"是分不开的。"善观时变，顺势有为，敢冒风险，爱拼会赢，合群团结，豪爽义气，恋祖爱乡，回馈桑梓"，这32个字是首届"世界闽商大会"上2 000人集体对闽商精神的概述。陈章汉在《闽商宣言》中说道："然人在羁旅，心系乡关；天涯黄金屋，故土篱笆墙；两厢不弃，万里同春。出则兼济天下，归则反哺梓桑。"福光基金会便是海外"侨商""闽商"回国捐资办学方面有突出影响的杰出机构与成功示范。

二、建"一所学院"展现"既优且特"办学特色

福光基金会是李明治先生怀着恋祖爱乡、回馈桑梓的感情而设立的，是非营利性的慈善公益机构，至今已有25年历史，福光基金会培育出的高级人才在福建省各个层面贡献所能，如涓涓细流，润泽一方。在基金会的牵头下，福建商专与香港公开大学达成合作办学意向，实现"人无我有、人有我优、人优我特"的办学特色。

1. 念兹在兹，造福社群

李明治先生抱着"温恭朝夕，念兹在兹"的朴素想法，为福建家乡建设尽心尽力，他所设立的福光基金会以国（境）外培训、国（境）外合作办学和奖教奖学、扶贫捐助的形式为福建培养适应对外开放需要的中、高层次经济管理人才。比如，福光基金会根据福建省改革开放和经济社会发展的需要，围绕省委、省政府经济建设中心和社会热点问题，举办各级各类涉外经济管理培训班，在中国香港、泰国、新加坡、英国、澳大利亚、加拿大等国家和地区举行短期研修班，培训领域涉及国际金融、国际会计、国际税收、国际经济法、现代企业管理等。在这些培训课程的参与者中，有很多现在已经是福建省各地、各部门的重要领导人。

2. 联合办学，福荫商专

1997年福光基金会与香港公开大学合作以遥距离教育形式举办高级工商管理（MBA）研修班。2011年基金会与福建商专本着长期合作、资源共享、平等互利、互相发展的原则，联合香港公开大学三方共同兴办"福光工商管理学院"，组建了"工商管理专业专接本实验班"，采取"3+1"的培养模式，即前三年在福建商专就读、第四年赴香港公开大学就读。福光工商管理学院坚持职业化办学理念，以国际化人才培养为目标，培养"理实一体、能力本位、素质优秀、国际视野"的应用型国际商务与管理人才，实现"人无我有、人有我优、人优我特"的办学特色。此外，2012年三方再次达成合作意向，以远程教育形式共同开办高级工商管理（MBA）研修班。

福建之光　　王　爽

3. 成效显著，硕果累累

福光基金会成立20多年来，用于培训和奖励、助学的资金已逾3 000万元，受惠者近4 000人。先后举办了70多期涉外经济管理培训班，参训学员近2 000人；并先后资助18名党政干部、高中级经济管理和法律工作者及学科专业带头人到国外攻读学位、合作科研及顶岗培训；同时基金会在本省高等院校设立"福光奖教奖学金""福光博士生奖""福光博士生助学金"等奖项，积极资助学校改善办学条件、参与社会慈善活动，先后有200多名优秀学生，50多名优秀教师，19名优秀博士生及其导师获奖，并有数十名品学兼优家境贫寒的博士生自2001年以来得到博士生助学金。福建商专"福光工商管理学院"至今已招生4个专业，共计993人，"工商管理专业专接本"试验班两年共招收了61名学员。

三、引"一种精神"实现"跨越发展"宏大愿景

福建商专的特色是"商"，是福建唯一的商字号高等学府，其办学渊源可追溯到1906年闽商黄乃裳创建福州青年会书院，至今已有108年的历史。百年来，学校的办学理念正是以闽商精神鼓励学子敢于去闯，勇于去拼，善于与传统文化融

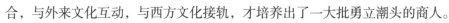

合，与外来文化互动，与西方文化接轨，才培养出了一大批勇立潮头的商人。

1. 榜样激励，勇往直前

西南联大常委梅贻琦有一句名言："所谓大学者，非谓有大楼之谓也，有大师之谓也。"意思是说所谓大学，并不是因为有高楼大厦，而是因为有大师。福建商专党委书记林彬认为一所大学除了要有"大师"和"大楼"之外，更要有"大爱"，具有仁爱心和团队精神，学校才能拥有向心力和凝聚力。"福建之光"文化场馆正是林彬书记关爱学子成才的产物，它启迪商专人视闽商精神为行为的榜样和力量，不断前行。

2. 借鉴精神，促进发展

我国高等教育大学生教育阶段分为两种形式：大学本科（简称大本、本科）和大学专科（简称大专、专科）。福建商专目前属于大专教育，"升本"是商专人的共同愿景，作为"闽商摇篮"的福建商专在改革和发展过程中借鉴闽商精神，把闽商精神融入学校的办学理念，成为学校师生生生不息的精神之源。正如李明治先生所希望的："这个世界变化的越多，不变的也越多。'勤奋、诚信、爱拼才会赢'这些商业价值观，总是不会变。希望这些理念，伴随着曾经在基金会学习的朋友们，传播到更多更远的地方。"

3. 创新德育，引领创业

高等学校的道德教育是社会主义精神文明的主要阵地，更新传统的德育培养方式以适应国家经济发展对人才的需求是高校德育工作的迫切要求。在学生思想政治教育过程中，以闽商精神培养学生的诚信品质、敬业精神和责任意识、遵纪守法意识，使其成为德智体美全面发展的现代闽商。比如，商专的大学生创业园便以"传承弘扬闽商精神、培养创新创业人才"为宗旨，以爱拼敢赢的闽商精神引领学生创业，勇挑福建经济发展的大梁。

十九、创业园

江聪煌　摄

放飞梦想

◎黄跃舟

岁维癸巳，时值金秋；沃野铺金，熏风沁心。凤邑贵安，敖江之畔；尚风吉水，气运天成。乘盛世之东风，借新区之契机；整合资源，搭建平台；集众家之智慧，开崭新之事业。是矣，福商大学生创业园立焉。

激情点燃梦想，创业照亮人生。创业，乃时代主题；创业，乃安民举措。大者创造世界，英雄造势，非时势造英雄也；中之兴业报国，百工熙熙，民得日新之用也；小则修身齐家，孝养父母，家和则万事兴也。创业之益，生命所期；经济之泽，人间永待。

创业之道，首在志明，高瞻远瞩，一叶不为障目；次需和合机缘，有非常之胆识，合众之力，勇敢奋进；又要慈悲爱人，谨遵道德，笃诚守信，布施快乐，奉献人生；更需培养实力，修身养心，砥德砺才，藏器与身，待时而动。至于创业为可永继，关乎长远，需耐风餐日晒，劳筋动骨；不惧意折志磨，心伤虑稠。

试看千帆齐发，潮流激荡；莘莘学子，放飞梦想；编织锦绣家园，构筑非凡蓝图；路无捷径，需执需行；行有正道，亦乐亦苦；憧憬与向往同在，激情和干劲共生。未来之创业前景，定是人间天堂。为了心中的理想，创业人勇猛精进；为了心中的热望，创业人扬帆远航……

放飞梦想 陈乃琛

"三三模式"彰新意　创新创业显特色

◎ 张信容

福建商专乃闽商之摇篮，是培养应用型人才的百年老校，创新创业教育在技术、技能型人才培养中不可或缺。大学生创业园是培育创业意识、创业能力的好形式。福建商专创业教育接地气、办实事，探索"三态势""三联动""三项目"的"三三模式"，形成"一园多点"格局，打造具有商专特色的大学生创业教育和创业文化。

一、构建"三态势"，奠定创新创业基础

福建商专着力创造大学生创新、创业条件，将创新、创业纳入课程体系，激发学生创新、创业激情，全员培养创新、创业人才。

1. 营造氛围，激发创业激情

经过多年的文化建设，我校形成以闽商文化为特色的大学文化，创新创业、艰苦奋斗是闽商的精神特质，在浓浓的闽商文化校园中，学校强化创新创业教育，将创业意识和职业要求内化为创业的动力，教育学生如何面对创业艰辛，保持旺盛的斗志、乐观的情绪、坚定的信念、顽强的意志。五个方面设计文化长廊：一是创业教育回顾与展望，介绍学校创业教育现状、规划及前景；二是学生参加各类创业比赛获奖成果；三是创业教育流动课堂，介绍国家、省、市有关大学生创业政策、创业模式、项目选择、团队建设、经营管理等知识的普及；四是优秀创业校友展，介绍校友创业突出典型事迹；五是创业名人名言，国内外创业名人经典语录和激励性名言警句，形成浓浓的创业氛围，大大激发大学生的创业意识。

2. 打造平台，搭建创业舞台

学校选址贵安校区地下广场，投入300多万元建成5 000平方米的大学生创业园，目前可容纳60多个项目。创业园是开展创业教育的主要平台，面向具有创业愿望的在校生，是一种介于市场与企业之间的新型组织，它为大学生提供研发、生产、经营的场地和办公等方面的共享设施，系统培训和咨询政策、法律、市场推广知识，提供融资等方面的支持，降低大学生盲目创办企业的成本和创业风险，提高创业的成功率。因此，学校依据大学生创业活动的特点，将创业园划分为含科技开发区、信息技术区、文化创意区、商贸服务区等。入驻创业园孵化中心的创业者，学校开通绿色通道，实行"零成本"。

3. 完善制度，保障创业持续发展

学校在创新创业教育中十分重视学生综合素质，诚信守约、遵纪守法的教

育，同时对大学生创业园进行规范管理，以一套制度为保障创业园的健康发展，学校在创业园建设中，制定的创业教育制度文化。制度文化是幔层文化，起着教化人的作用。主要有：《福建商专大学生创业园管理办法》《福建商专大学生创业园入驻申请办法》《福建商专大学生创业园物业管理办法》《福建商专大学生创业园项目评审管理办法》《福建商专创新创业团队管理条例》《福建商专大学生创业园优秀项目办法》《福建商专大学生创业导师制度管理办法》等完备的规章制度。没有规矩不成方圆，学校强化制度文化建设，意在保障创业园的可持续发展。

二、激活"三联动"，推进创新创业发展

大学生创业园联系着学校、学生与社会、企业的关系。一方面，大学生创业园为学生提供创业孵化的场所，体现学生独立自主经营特性；另一方面，引进企业，为缺乏营销实践经验和项目发展周转资金的学生创业活动提供良好市场环境，为学生创业项目提供后台产品支持，搭建电商与物流平台。

1. 与国企"联营"

学校引进连江电信、连江建行、连江移动、连江联通、连江邮政等国企进创业园，搭建"协同"发展的平台。如连江邮政每年为全校师生义务开展有关集邮文化的系列讲座和集邮展；连江建行投资50多万元与学校联手建立"金融仿真实训中心"。这些企业不仅为学生提供大量的兼职和勤工俭学岗位，而且为学生提供经营经验和高度创新开发理念的借鉴，为学生就业与自主创业提供练身活动。

2. 与民企"联动"

学校领导高度重视，引进长乐力恒有限公司、锦江锦纶有限公司、艾维尔公司、长乐行港公司、长乐陆丰鞋业有限公司、福建省营河服饰有限公司、舞后新世纪轻纺（福建有限公司）等私营企业，捐资100多万在学生创业园建立"福商纺织·服装文化创意中心"，为学生创业提供资金支持和相关产品支持，搭建"联动"创业模式，为学校学生创业提供温床和发展空间。

3. 与政府"联合"

我校与省大中专毕业生就业工作办公室积极开展"联动"孵化活动，取得大力支持。2013年12月顺利通过省级大学生创业孵化基地支持建设项目实地检查验收，得到了省大中专毕业生就业工作办公室36万元建设资金。同时，为学校246名有强烈创业愿望的学生举办电子商务培训班，经过连续5个月的培训学习，在淘宝网注册开店46家，店铺经营也取得可喜的业绩，其中获星级店铺共有26家。

三、落实"三项目"，培养创新创业人才

学校坚持以提高素质、增强就业和创业能力为宗旨，以职业教育和创业培训为重点，不断开辟新服务领域，争取了省级"创业培训"援助项目，按照"创业

带动就业"的思路，抢抓机遇，积极打造"三项目"服务体系。这些举措均取得明显的成效，成就学生的创业梦想。

1. 精选入园项目，强化创业实践

精心组织项目计划大赛，拓宽视野，促进交流，提高水平。目前，已经有21家企业入驻，其中15家学生自主创业项目，企业项目涉及长乐服装设计、IT服务业务、摄影、电子商务等行业，各企业目前运行状况良好。学校每个月对每个项目进行评估，组建大学生创业导师团，为创业大学生提供创业指导、创业前景和职业生涯规划、技术开发、企业管理等服务。

2. 规划培训项目，提高创业能力

学校结合专业实际，对学生开展创新创业主题教育，一是精心设计课程。设置SIYB创业培训、电子商务及税务、工商、司法等法规、成功创业案例等专场培训课程，极大地调动了学生的参与性。二是实施因材施教。针对学生的具体情况因材施教，实现了教师、学生、专业的对接。三是创新授课形式。成功创业人士座谈会、学员互动交流、现场观摩等活动，极大地激发了学习热情。逐个建立培训学生档案，跟踪走访，及时掌握学生创业工作动态，帮助解决实际问题和困难。学校去年为246名有强烈创业愿望学生举办电子商务培训班，经过连续5个月的培训学习，在淘宝网注册开店46家，店铺经营也取得可喜的业绩，其中获星级店铺共有26家。

3. 树立典型项目，验证创业成果

创业园运营一年多来出现创业典型，起示范和引领作用，促进创业项目创新，扩大创业规模。典型一：商汇物流货运公司。该公司以服务为导向，采用打通乡镇及新型商业开发区物流新模式。公司目前已经开通了连江到贵安新天地超区快递配送服务，设立创业园总店和贵安新天地分店各一家，全职快递员、全职司机、运输工具一应俱全，兼职工作人员20人，良好的服务得到了客户的高度评价。典型二：力练史健身会所。创业团队由三人组成，分别担任店内的营销（PR）、成本预算（会计）、会员管理（设计）为学生提供健身锻炼，正式营业一学期，如今会员人数已增至百人有余，现已将"自助二维码教练"的理念融入了健身房内，将互联网中丰富而高质量的健身资源有机地融入力练史健身会所，使会员拿起手机扫一扫，人人都如同拥有了一批顶尖的健身私教团队，深受学生的欢迎，获得较好的投资回报。

大学生创新创业是一项新兴事物，创新创业教育在我校方兴未艾，大学生创业园为培养技术技能型人才提供了一个实战的舞台，它的经验是示范校建设的一项重要成果，将进一步推动大学生创新创业活动在我校的深入开展，在培养优秀应用型人才中发挥积极作用。

二十、集邮馆

张雄伟 摄

方寸天地

◎ 黄跃舟

岁在甲午，时值芒种。福商集邮馆喜迎挂牌之喜，方寸天地，溢香吐馨。特作小记，聊忝声色。

闽浙孔道，敖江佳处，绿染芳蕤，风卷珠帘。斯时也，梅天无雨，长空湛然；斯会也，胜友云集，鉴赏品评。欣揭帷幕，现福商邮馆真容；喜馈金证，展集邮名校风采。校园文化再添新景，可谓壮观。

夫区区邮票，至善至美，诞于曼殊，阅百卅年。大清龙票，应运而生。佳音传九洲，捷报达四面八方。建八方邮路，更便民利众。其内蕴深厚，趣犹浓香；引人入胜，雅人深致；博闻广识怡情地，冶性凝神逸趣天。老舍先生有云："集邮长知识，嗜爱颇高尚。切莫去居奇，赚钱代欣赏。"微型方寸纳大千世界，快乐集邮映人生舞台。积锱累铢，识邮读邮如积学深造，养性而修身；心徉邮海，集邮赏邮若初恋迷人，怡情而舒心。

方寸天地 朱晓琼

诗云：福商竖帜甲午年，众人合力垦邮园。方寸天地风光好，文明传承向明天。

方寸天地有情趣　涵养心灵提素养

◎廖晓华

集邮是对邮票和邮品的收藏、整理和研究，它既是有趣味的高雅收藏活动，又是获取知识的途径，还是一门综合学科。邮票内容涉及政治、经济、文化、军事等方方面面，各行各业，使得方寸之间小小的邮票，成为包罗万象的博物馆、容纳丰富的小百科。

基于集邮活动有很强的实践性和综合性，为促进学生个性发展，给予学生更广阔的发展空间，我校建设独具"商专样式"的集邮文化馆，突出作为集邮名校的"福商样式"，展现了三大特色：以主题集邮为重点、以兴趣集邮为延伸、以服务集邮为保障，通过邮品之"物"美，渗透到师生的"心"灵，让集邮文化和审美功能能得到充分发挥。

一、主题集邮：融入教学，渗透教育

①展示主题邮品。"福商集邮馆"展品主要为与学校发展及教学相关联的邮品，有纪念福建商专1984年升格以来的国家发行的邮票年册，让师生在年册中回忆近30年来商专的发展历程；有中央领导人签名等不同形式的纪念封，加深师生对重大历史事件的了解的同时，也学到"首日封""官封""纪念封"的邮票知识；有政治家、教育家、艺术家等名人专集，作为学生品行教育的切入点，邮票折射出的伟人光辉思想、英雄高尚品质、名人勤奋精神等先进文化内涵，不仅能补充学生课外知识，还能提高学生道德、情操、修养、审美水平。集邮馆还展出了长乐集邮馆和连江集邮馆参加国际比赛并获奖的邮品，让师生在领略获奖邮品风采的同时，学到了参赛邮品的集合方法、参赛规则等集邮知识。

②融入教学成果。学校的中心工作是教学，校园集邮活动只有与教学紧密结合，才能得到持续健康发展。学校将开发和利用好人文课程资源，邀请集邮协会专家和专业人士来校开设集邮知识讲座，让更多师生有机会更系统地接触到集邮知识领域中的高雅文化。同时，强化集邮文化传导平台，通过公开课等形式，推进"集邮文化进课堂"，介绍集邮知识、欣赏邮品中的艺术，并通过再现杰出人物的风采、历史事件的意义，将它作为大学生思想政治教育的生动教材，从而达到育人的目的。

美术系教师还将开设邮票艺术欣赏讲座，抓住一些艺术特点，直接与教材相关的内容融合起来，让邮票作为形象直观的教具进行"邮票"教学，从而达到教学的延伸。还可以让学生发挥艺术创作热情，将学校与教育相关的内容，如办学目标、办学思路、特色内涵、格言警句、师生风采等制作成一枚枚邮票，将学生的作品张贴于橱窗、走廊、墙壁、车棚、建筑物等一切可以利用的媒介体上，让校园文化通过学生的作品得以展示。

二、兴趣集邮：融入情感，提升素养

①交流鉴赏邮品。集邮是作为趣味高雅的一种收藏活动，无论是渴望获得邮票内容背景知识，还是拥有时的心满意足，无论是欣赏他人的收藏，还是展示自己的藏品，抑或是与朋友互通有无，都可以在交流中增长新知识、结识新朋友、收获新感悟，给生活增添无穷的乐趣。"福商集邮馆"正是基于提升师生文化素质、促进师生情感交流的目的，积极开展邮品交流活动。交流活动主要围绕邮品这个主题，突出集邮艺术特色，通过珍邮鉴赏、集邮沙龙、邮品交换等形式，通过展出寿山石、仕女图、小全张、小本票等专题邮品，让师生在交流集邮心得、交换藏品中增进情感，凝精聚神；在欣赏主题展品中扩展知识，提升品位，从而丰富师生课余文化生活。

②系列活动推进。营造深厚校园特色文化氛围，是开展集邮活动的主要目的。为此，学校成立了集邮协会，由有共同兴趣爱好的校领导和师生代表组成，虽没有严密的组织架构、硬性任务规定。但大家积极开展活动，通过组织集邮知识竞赛、集邮手抄报比赛等推广集邮知识，打造良好的集邮环境，扩大集邮文化内涵外延。在已有年册（1984年以来）基础上，每年继续收集年册，让师生从年册中同步了解当代社会发展、经济进步以及不同时代发生的故事；在已有展出的全国乃至全球获奖邮票的基础上，继续举办主题邮票展，展出特种邮资片、风光邮资片、美术邮资片、纪念邮资片、普通邮资片等；在收集已有首日封的基础上，继续按照主题形式收集有纪念性邮品和一些大型活动的首日封；在收集已有的邮票知识书籍的基础上，举办读书交流会，让广大师生在展览和涉猎邮品知识中扩大视野，从蕴藏丰富文化内涵的活动中得到美的享受和知识的熏陶，真正将集邮文化与提升师生文化素质有机结合起来。

三、服务集邮：校企结合，拓展平台

①企业服务师生。校园集邮活动必须服从教学、服务于师生，而要让学生在集邮活动中学到"商"业知识，必须依托企业的力量。为此，在建立"福商集邮馆"的基础上，学校邀请连江县邮政局、邮政公司、集邮公司等入驻创业园，为学生提供与企业共同制作邮品、共同参与发行等机会。与连江县共同制作的"福商旅游护照"已举行首发式，护照以百年商专新校区为背景，由学生参与邮票制作及发行，邮票中学校书香广场、时令广场等风景留下了莘莘学子对母校浓浓的情愫。与此同时，学校还鼓励学生与企业合作，结合自己的专业和爱好，将自己设计的艺术品、毕业册、校园风光与邮品相结合，制作校园明信片、纪念封等，

并在企业帮助下，进行一定范围的商业实践活动，让学生在参与集邮活动的同时，又得到的商业活动的训练。

②开阔实践空间。以集邮活动为载体，创造一种类似科学研究的情景与途径，引导学生亲身参与、体验活动。如新闻系学生自己动手设计，将百年商专的历史及新校区的风光制作成明信片对外发行。其他系的学生也将福商物语、校训墙、专业撷英、瓷韵漆意、福商艺苑、学府桂苑等校园特色进行特色邮品制作。学校将福建商专的百年历史文化积淀用邮票、邮封、邮品等媒介加以推广传播，既传承了百年福商的历史文化并使之发扬光大，又发挥了集邮文化在当今校园文化建设中的积极作用。

同时，我们还引导学生在收集和研究极具史料性的邮品过程中，了解邮票的内涵：在社会科学范畴上，了解社会学、史学、民族学、文学、美学、政治经济学；在自然科学中，了解动物学、植物学、建筑学、园林学、宇航学、地理学、环境保护学、信息学等。通过讲述邮票背后的故事，了解人类文明的缩影，充实和丰富自己的知识领域，提高学生的文化品位及艺术素养。

集文化情趣之邮，融教学师生之情。"福商集邮馆"作为校园文化建设的一个全新载体，并以此为平台，以集邮活动为载体，通过以邮求知、以邮育人，力求使集邮馆成为一部立体的、多彩的、引人入胜的集邮教科书，使集邮文化成为弘扬民族传统、提升学生素质的一种重要的校园文化。

二十一、闽商馆

（效果图）

包孕福商

◎ 黄跃舟

　　规建的闽商文化馆坐落于山涧上的闽商文化广场内，占地近两万平方米，盱目远眺，平畴沃野，阡陌纵横，整齐而立的学生公寓如揽怀中。闽商文化广场中央将巍然矗立起的 "千秋将相、万世商祖" 范蠡雕像和 "包孕福商" 大型雕塑，不禁让人反复回味 "百年福商，闽商摇篮" 的厚重与梦想。

　　范蠡，自号陶朱公，是春秋末政治家、军事家、经济家，后人尊称 "商圣"。其陶朱公商训十二则被称为 "经商圣经" ——能识人：知人善恶，赈目不负；能用人：因财器便，任事可赖；能知机：善贮时宜，不致蚀本；能倡率：躬行以率，观感自生；能整顿：货物整齐，夺人心目；能敏捷：犹豫不决，到老无成；能接纳：礼义相交，顾客者众；能安业：弃旧迎新，商贾大病；能辩论：生财之道，开引其机；能办货：置货不拘，获利必多；能收账：勤谨不息，取讨自多；能还账：多少先后，酌中而行。范蠡的 "商道" 是闽商文化之源。数百年来，遍布全球的闽商，秉承 "爱拼会赢" 的精神，努力拼搏，以勤劳、智慧和热情，为中国及所在国或地区的经济社会发展作出了重要贡献。人们把它概括为兼容并蓄、善拼敢赢、义利相兼、勇担道义。独特精神：善观时变，顺势有为；敢冒风险，好拼会赢；合群团结，豪爽义气；恋祖爱乡，回馈桑梓。闽商还有兼容并蓄、博采众长、善于学习的开放心态，有报效桑梓、兼济天下的价值取向。

　　看着成长在 "百年学府、闽商摇篮" 里的莘莘学子，自信的表情、舒然的畅笑，我们仿佛看到闽商之路通向远方，闽商的前景一片光明……

从儒商圣祖到闽商摇篮

◎廖新平

学校将在学生公寓对面枕山抱水的丘岗之上规划兴建闽商文化广场，广场取名"包孕福商"。"包孕福商"与"包孕吴越"有着文化心理上的连接，"包孕吴越"形容的是太湖如母亲般孕育吴越人民，"包孕福商"表达的是百年母校如摇篮般培育一代代的闽商人才。闽商文化广场融"闽商之源"——范蠡雕像、"闽商之文"——闽商文化馆、"闽商之路"——通往广场的石阶之道三个篇章为一体。

一、闽商之源：用"两世纪千秋"悟透儒商圣祖的商道与财富观

矗立于闽商文化广场正中央的范蠡雕像，雄伟壮观，面带慈祥微笑，凝视远山，尽显"儒商圣祖"风骨气度。范蠡是我国古代著名的政治家、军事家、谋略家、哲学家、理论家、经济家、实业家，生活于距今2 500年左右的春秋战国时期。在范蠡的一生中，有三件事成就了他的人生辉煌：一是辅佐越王勾践报仇雪耻，完成了灭吴兴越大业；二是及时功成身退，创造了经商致富的商业奇迹；三是与中国古代的四大美女之首西施之间的爱情传奇故事，使他的人生经历更加多姿丰彩。

在重农思想占统治地位的时代，范蠡大胆地向传统的"贱商""抑商"观念提出挑战，不仅是商业理论家，而且是卓有成效的实践家。他在商海中拼搏了二十余年，成为家缠万贯、乐善好施的宏商巨贾，堪称"儒商圣祖"。范蠡的经商之道和财富观对于后人商业活动的启示主要有六：

一是善于学习贵于实践。范蠡善于向先人和老师学习治国经商之策。他曾拜计然为师，学习古代最早的商业理论，诸如"贵流通""尚平均""戒滞停"，将老师的治国经商经典融会贯通。在经商实践中，创立或运用了"劝农桑，务积谷""农末兼营""人弃我取，人取我予""待乏贸易：夏则资皮、冬则资絺；旱则资舟、水则资车"等具体的经商管理之道；二是选择适宜的环境经商。"范蠡在东海之滨，治产业，有积蓄。然后，桴海至齐。"他根据各地时节、气候、民情、风俗等不同特点，转运货物，"人弃我取，人取我予"，顺其自然，待时而动；三是贱买贵卖薄利多销。范蠡认为"贵上极则反贱，贱下极则反贵；贵出如粪土，贱取如珠玉；财币欲其行如流水"，主张"能敏捷，犹豫不决，终归无成"，可谓"能知机，售贮随时""买卖随时，挨延则机宜失"；四是识别需求开发市场。范蠡善于掌握各种信息，善于分析人们生产和生活的需求，并

根据这些信息来预测市场，开发出各种商品满足人们的需求；五是诚信经营质量为本。自古以来，"天下熙熙，皆为利来，天下攘攘，皆为利往"。但君子爱财取之有道。范蠡讲究诚信为本，货真价实，重视商品的质量。"积著之理，务完物""以物相贸易，腐败而食之货勿留，无敢居贵"；六是互利合作双方共赢。范蠡不像一般商家那样盘剥敛财，而是对合作者谦和礼让，对待雇工慷慨大方。遇到灾年减产，就减免地租，同时开粥场赈济灾民，范蠡的仁信之名广播天下。范蠡为扩大生意，三次短缺资金，各富户均主动送钱上门，帮助范蠡渡过了危机。

二、闽商之文：以"敢拼会赢"的精神诠释移民、海洋、商贸基因

闽商文化馆为"金"字形二层建筑，近500平方米。五行中"金"曰从"革"，亦通"商"，象征闽商全球性开拓事业如"金"般熠熠生辉。闽商文化展厅集中展示了闽商悠久历史的遗存、闽商文化研究的丰硕成果和"闽商摇篮"办学的金字招牌。

福建历来就是一个移民省份，现在的福建人大多是中原河洛地区先民的后裔。晋、唐以来，中原人有三次移民入闽的高潮，"衣冠南渡，八姓入闽"，并逐渐形成福建居民主体。原住居民古越族文化、中原移民文化、阿拉伯商人文化和广大华人华侨从海外带来的国外文化等多股文化呈相互交织状态，构成福建特有的文化生态，最终融为一体。

福建是一个具有悠久经商传统的地方。远在4 000多年前，闽侯昙石山文化就显现出福建蓝色文明的特征；宋元时期，泉州是当时全世界最大的五个城市之一，刺桐港是当时全球最知名的通商口岸，是"海上丝绸之路"的主要发源地；近代，厦门、福州位居五口通商之列，马尾船政文化曾辉煌一时，成为早期中国海军最重要的造船基地。可以说，在闽人的血液里早就流淌着移民、海洋、商贸等基因，从而也铸就了闽人的文化潜质。

学者把中国大陆企业家群体分为若干流派，说"燕赵派"有较浓的"皇城根子"味，颇具古代"燕赵之风"；"川蜀派"有"一代枭雄"之风，霸气十足；"齐鲁派"以儒家、道家理念为根基，并博采众长，自成体系；"岭南派"以"岭南商业文化"为基石，独具一格；而"闽越派"从哲学文化上讲，是属于典型的"禅商"，其特质是大象无形、大器无声、大智若愚。"闽，东南越，蛇种"，闽商的氏族图腾为蛇。"福建人是破门而出，成冲天之龙；冲门而进，成翔海之龙"，若双龙腾起，你便可以感受到其焕发出的强烈的市场震撼力。"爱拼会赢"是对闽商群体的个性写照，更是对闽南商帮创业精神的准确定性，"少年不打拼，老来无名声""争气不争财""三分本事七分胆""三分天注定、七分靠打拼，爱拼才会赢"，这些通俗朴实的话语深藏于闽商的内心之中，伴随着

他们从故乡发展到海内外，从历史繁盛到现代，表达了闽商对经商创业的信念与追求、对人生与命运的感悟、对成功与失败的理解。在闽商的身上有一种崇尚力量的品格和崇尚自由的天性，有一种强烈的历史自觉自信意识，有一种强烈的竞争冒险和开创意识，甚至还有一点生命的本然性和壮美的悲剧意识。从某种意义上说，正是闽商"敢拼"的精神赢得了"会赢"的美誉。

三、闽商之路：借"闽商素养教育工程"系统打造新闽商人的现代素质

通往广场的石阶依山势而建，一级一级通向高处。从远处看，那一级又一级台阶重重叠叠，恰似闽商古道。拾级而上，才能最终达到某种高度。

俗话说："小商道做事，中商道做市，大商道做人。"新闽商人必须熟悉和继承传统优秀的商业伦理和职业道德准则，要遵循基本的文明礼仪和商业交往行为规范，要有社会责任感，把奉献社会作为一种真正的现代意识，要有个性化的思想和商业主张。老老实实做商人、踏踏实实做商贸、实实在在做商业，这是新闽商人做人、做事、经商致富的铁定规律，是立身处世的法宝，是纵横商场常胜不败的奥秘。

包孕福商　娄可可

我校享有"百年学府、闽商摇篮"的美誉，学校坚持立足福建，面向海西，辐射全国，重点面向现代服务业和新兴产业，多层次、全方位为社会发展和经济建设培养生产、建设、管理、服务第一线的高端技能型专门人才。基于此，学校在百余年育人实践的基础上，从2008年开始深入推行"闽商素养教育工程"，确立"文化引领素养育人"的教育理念，凝炼"大爱感恩、诚信守约、海纳百川、吃苦耐劳、团队合作、敢拼会赢、创新创业"的素养教育核心价值观。成功地进行体制机制创新，校企共建彰显闽商文化特色的校园景观，组织百场讲座传导"闽商文化"、解读"闽商精神"，编写《闽商文化读本》教育丛书，创立包括闽商素养教育理念、教育模式、课程体系、实践体系、素养证书、保障措施等七项内容的闽商素养教育架构，把"闽商素养教育工程"作为培养新闽商人的基本路径。

2010年，由省委宣传部、省委统战部、省广播影视集团拍摄的大型五集历史文献片《闽商》，以闽商的全球性经商活动为线索，系统地介绍了闽商的历史和深厚的商业文化积淀，展示了闽商在推动中华文明与世界文明交流方面的突出贡献，总结了闽商"爱自己，爱家人，爱故乡，爱民族，爱国家"的"泱泱商道"。仔细看来，这"泱泱商道"与"闽商素养教育工程"打造的新闽商人如出一辙，不谋而合。愿"百年学府、闽商摇篮"乘风破浪，桃李满天！

二十二、剪纸馆

张雄伟　摄

镂剪生花

◎ 黄跃舟

女红乃中国传统女性持家必修的"功课"。举凡妇女以手工制作的传统技艺，如纺织、编织、缝纫、刺绣、拼布、贴布绣、剪花、浆染等，都称为"女红"。几千年来，女子们在方寸之间淋漓尽致地展现她们的蕙质兰心，即使像花木兰这样有男儿气魄的女孩也多是心灵手巧的女红高手。女红技巧多由母女、婆媳世代传袭，因此又可称为"母亲的艺术"。

剪纸是一种镂空艺术，是我国具有悠久历史的民间艺术之一。其造型质朴生动，融线条与装饰、写意与寓意为一体，独具艺术魅力。传达出传统文化的内涵和本质，并以它特有的普及性、实用性、象征性为百姓所喜爱。

将"传统女红讲习所"和"柘荣剪纸文创中心"合而为一，殊有深意：一为传统民俗之标志，一为民间非物质文化遗产，原本已经远离了人们日常生活，但在当代人对"慢生活"的呼唤中被赋予了新美学意义，在我们学校，以剪纸为代表的传统女红已列入女生素质的培养计划，使之以新的时尚、休闲方式渐渐回到我们身边。

镂剪生花，弘扬传统，在当下人际疏离的环境中，重织人情之美，在温馨的舒放中，关怀我们的社会——这就是我们的宗旨！

镂剪生花 李新萍

雕刻镂空见神奇　文化传承展魅力

◎ 蓝福秀

中国剪纸艺术以其历史悠久、流传深远、技艺精湛、富有浓郁鲜明的地方特色而著称。千百年来，各族人民创造的绚丽多彩的剪纸艺术是中华民族传统艺术的重要组成部分，蕴含着各民族社会生活、历史文化、风俗习惯、宗教信仰和审美理想等方面的丰富内涵。2009年9月30日中国剪纸经联合国教科文组织保护非物质文化遗产政府间委员会审批列入了第四批《人类非物质文化遗产代表作名录》。剪纸，其质朴、生动有趣的艺术造型，有着独特的艺术魅力，已经在某种意义上成为了中国文化的一种象征。

作为中华剪纸艺术花苑中的一朵奇葩，柘荣剪纸具有浓郁的地方特色和汉族民族特色，文化品位独具，既承传了中原剪纸的写意、质朴、浑厚，又融合了南方剪纸的严谨、细腻、秀丽。福建商业高等专科学校作为福建省商界唯一一所培养高层次商贸经营管理应用型人才的专门学校，与柘荣县共同创立剪纸艺术文创中心，作为福商人应充分利用这个平台对我国剪纸艺术全面了解、学习、体验、领悟并将其好好传承、弘扬并不断创新，发扬光大。

一、忆往昔，剪纸艺术历史源远流长

剪纸，又叫刻纸，是一种镂空艺术。剪纸艺术是中国汉族最古老的民间艺术之一，它源远流长，经久不衰，在视觉上给人以透空的感觉和艺术享受，是中国民间艺术中的瑰宝，已成为世界艺术宝库中的一种珍藏。福商剪纸文创中心的成立，展现了丰富的剪纸文化。

1. 追溯剪纸历史，积淀深厚

剪纸艺术是我国最为流行的民间艺术之一，据考古研究发现，它最早可以追溯到公元六世纪。那时候的人尝试着用一些图形来记事和内容呈现，但由于当时纸张还没有出现，人们只能将一些资料记载在青铜器、竹简、兽皮等载体之上。虽不是纸张制作，但却如出一辙，这就为真正意义上的剪纸出现奠定了基础。而随着纸张的出现，这些创造性的图案便开始往纸张上转移。剪纸的主要制作材料就是纸，关于真正意义上的剪纸艺术的历史，应该是纸张的出现才正式开始的。而汉代时期纸张的出现，客观上促进了剪纸的出现、发展和普及。到了唐宋时期，剪纸招魂民间风俗促使剪纸艺术开始进入大发展。明清时期，剪纸技艺走向成熟，并达到鼎盛时期。

2. 解析剪纸种类，形态各异

在漫长的发展过程中，剪纸艺术并不是某个朝代某个地方的产物，它在漫漫历史长河中生根发芽，滋长壮大，就像是蒲公英的种子，散落到了全国各地，并且因为各地水土、风俗、人文等各不相同，所以最终出现的形态也不尽相同。再加上长时间、跨距离的发展导致了剪纸种类繁多，以不同的标准，大致有以下几种分类：一是按照剪纸的纹样大致可以分为：人物、鸟兽、文字、器用、鳞介、花木、果菜、昆虫、山水、世界珍奇、现代器物等，共计11类。二是按照剪纸题材的寓意可分为：纳吉祝福、驱邪、除恶、劝勉、警戒、趣味等七类。三是以剪纸用途为据，由此可分为：装饰类（贴于它物之上以供欣赏或增加它物之美的剪纸，如窗花）、俗信类（用于祭祀、祈福、祛灾、驱邪、驱毒的剪纸，如门神）、稿模类（用于版模、印染的剪纸，如绣稿）、设计类（能增加它物之美，或能宣扬它物的剪纸，如电影或电视的片头）。此外也有人按照纸张颜色以及剪法的不同认为剪纸应分为剪纸、剪贴、剪画三类。

3. 探寻剪纸风情，形神兼备

中国地域辽阔，地形复杂，从南到北，自西向东，不同的地域文化生态环境影响确定了当地的剪纸风格。对此，文学家郭沫若先生曾有诗云："曾见北国之窗花，气味天真而浑厚，今见南方之剪纸，玲珑剔透得未有；一剪之巧夺神功，美在民间永不朽。"大体上来说，传统的剪纸艺术按照地域特征可分为南派和北派，南派的代表是湖北沔阳剪纸，广东佛山剪纸和福建民间剪纸，以及江浙一带的带有浓郁江南风情的剪纸。北派的代表为庆阳剪纸、山西剪纸、蔚县剪纸、陕西民间剪纸和山东民间剪纸。一般而言，南方派的剪纸显得更为精致，表现细节更多，但是又根据各省份情况而有所不同，目前流传最广泛的"福"字剪纸，就流传于广东地区。而北方派剪纸神形兼备，朴素大气。以其中的山西派剪纸为例，更多表现出一种农村质朴的生活作风，包括婚丧嫁娶，节日劳作等，饱含质朴的古风，体现了北方居民的风土人情。

4. 领略剪纸内涵，寄托理想

一方面，作为一种艺术形式，民间剪纸在其早期的产生和应用过程中，承载着无数下层社会人们的憧憬，他们把美好的憧憬用具象或意象的表现形式寄情于剪纸之上，这也使剪纸艺术极具包括民俗功能、审美价值在内的实用价值。另一方面，中国民间剪纸包含着丰富的中国历史文化、民间信仰文化和地域文化，它客观地反映了中国文化多彩多姿的特色，体现了民间剪纸创作者对美的艺术想象和创造精神，其文化价值远远超过了剪纸本身。如它所表现出的形式特点体现了对真、善、美的追求和向往，体现了"以人为本、天人合一"的思想观念。此外，剪纸艺术还深刻体现了中国民间美术的造型意识、审美理想和哲学观念，同时也为艺术创作提供了广阔的发展空间，其造型特征、形式美感和率真的感受等，为我们开启了一个丰富多彩、博大深厚的文化基因库。

二、看今朝，剪纸艺术育人独具魅力

没有艺术教育是不完整的教育，实施艺术教育是适应现代社会发展的需要，是深化高等教育改革的新要求。现代高校对学生培养不仅要重知识、技能的传授，更需重视素养的养成。不少高校尝试通过环境文化、校园文化、实训文化、课堂文化等锻炼熏陶学生情与趣，提升学生的素养。剪纸艺术是中华民族沉积了数千年传统文化的民俗载体，蕴含着着民族文化和艺术的精华。因此，将剪纸艺术引入高校教育对于提高大学生的审美情趣、审美能力，陶冶高尚的道德情操，培养良好的心理素质，提升自身品味，促进大学生德、智、体、美等全面和谐发展具有其他学科不可替代的作用。福商剪纸文创中心为我们提供了学习剪纸等女红艺术的平台。

1. 传承剪纸艺术，陶冶大学生的道德情操

一个合格的社会主义事业建设者和接班人应该具有高度的思想觉悟和高尚的道德情操。艺术修养主要是靠美的形象打动人，把思想觉悟和高尚的情操寓于美育之中，以美引善，使大学生通过典型的艺术形象提高分辨真、善、美与假、恶、丑的能力，激励大学生追求真善美，从而提高他们的道德、情操和审美情趣。在经济全球化背景下，处于转型期的中国社会受西方文化强势渗透，导致民族传统文化遭轻视甚至个别民间艺术形式濒临灭绝。而我国传统剪纸艺术具有很高的人文研究价值，涉及人类学、民族学、社会学、历史学、文艺学、美学、哲学等人文社会学科，直接地、全面地体现中华民族的文化传统和人文精神。因此在高校有效推进形式灵活、内容丰富、传承悠久的剪纸艺术的普及教育，可使大学生感受到浓郁的民间艺术气息的同时，意识到剪纸艺术形式下所渗透的民族精神和民族文化，秉承中华民族的优良传统文化和传统美德；有助于唤醒大学生的民族自信心，激发大学生对民族传统文化艺术的热爱和关注；引导学生热爱祖国、热爱人民、热爱本民族的艺术，提高学生对民间传统文化艺术的学习兴趣，形成高尚的思想品质和道德情操；还有利于弘扬民族精神，培养大学生爱国情怀，培养民间文化艺术的欣赏群体和传播者，进而达到传承民族文化之目的。

2. 学习剪纸艺术，启迪大学生的科学智慧

大量事实证明，许多有重大发现的科学家在探索真理的过程中都怀有某种审美情感，而这大都与他们青少年时代所受过的艺术熏陶有很大关系。培养大学生艺术修养也有利于调动大学生的学习兴趣，便于他们认识和掌握事物的内在规律。中国民间剪纸是体现生活信仰的艺术，它的本质自然、朴素、毫不矫揉造作。它的用材简单，表现手法单纯，它能在一张纸的方寸之间表现那么多变化多

端又具有深厚文化内涵的造型纹样，可说是人类文明与智慧高度凝聚的结晶。且它自身具有可变化的形式美规律，在不同生活场合的重复使用，以及不同地域、不同的人对物象与形的不同表现，为它提供了无限表现的可能性。因此学习剪纸艺术，可以培养大学生的观察力、思考力、想象力和创造力，引导大学生辨别事物的异同，提高创新事物的热情和敏感，从而提高他们驾驭客观事物变化的能力。另一方面，剪纸艺术修养特有的对心灵松弛作用与自由感还可以适当消除大学生在学习中过度的紧张与疲劳，从而为创造性想象力的充分扩展提供了条件。

3. 体验剪纸艺术，促进大学生的身心健康

健康的身心是人才成长的基础，没有这个基础，成才只能是一句空话。《剪纸养生歌》中唱到："开剪亦开心，生活添欢笑。艺海任遨游，细琢与精雕。剪纸能收藏，借鉴可仿效。动手又动脑，陶情抗衰老。装点生活美，装点心情好。闲愁尽消散，精神换新貌。生活多惬意，自信又自豪。养生求长寿，剪纸是良药。"因此，在高校大学生中尝试传统民间剪纸艺术教学，能有效培养大学生的动手能力和动脑能力，有助于促进他们对美的认识，提高大学生鉴赏美的能力，充实大学生的精神生活，丰富大学生的校园文化生活，强化大学生的民族认同感和自豪感；有利于他们深入体会人民的思想情感，接受健康向上的审美情趣熏陶，有助于健全人格的形成；更有助于他们摆脱不良思想文化的精神侵蚀，为他们成长为对社会有用的高素质人才创造条件。

4. 感悟剪纸艺术，提升大学生的审美水平

剪纸艺术是中华民族的母源艺术，它内在的隐喻与象征性体现了民族整体共有的本原哲学、宗教、历史、民俗与民间美术等综合的生存审美观。剪纸艺术体现出了中华民族所特有的形式美，存在着神、气、韵等美学概念，也保存着朴素通俗、原生态的成分，体现了乡土乡情的普通老百姓的审美追求，构成了中华民族的传统审美观，传递着中华民族的审美内涵，创设出高雅审美氛围，而学生在这样的民族民间艺术教育的耳闻目染中，自然会逐渐地体悟到民族民间艺术中所蕴涵的美感和精粹，提高他们的审美鉴赏能力；使学生不断接受新型审美刺激，形成强烈的第一印象，有意识地培养学生的形象记忆力和情绪记忆力，从而达到增强审美情趣、审美想象力和审美创造力效果；使学生动手与动脑、艺术与科学、形象思维与抽象思维交替、碰撞，从而引发审美新思维。

三、望未来，剪纸艺术传承任重道远

中国剪纸艺术具有深厚的文化底蕴，但深厚的文化底蕴背后却存在着相当严重的危机。中国剪纸艺术的生态环境受到严重的破坏，传承的原生态民间剪纸越来越少，许多地方出现后继无人，濒临人亡艺绝的境地。当务之急，我们应该努力做好中国剪纸艺术的抢救、保护、传承和发展工作，推动剪纸艺术的可持续发

展。福商剪纸文创中心为传承剪纸艺术提供了一个示范样式。

1. 坚持抢救和保护相结合，夯实其传统基础

原生态民间剪纸艺术作品是剪纸艺人不经过任何雕琢，纯手工、信手剪出的灵性之作，它是所有剪纸的艺术之母。但由于一直以来受各方面因素的影响，许多原生态民间剪纸艺术后继无人，艺术本身也随着剪纸艺人们的离世自生自灭。原生态民间剪纸艺术作为非物质文化遗产，它是中国民俗生活的见证与表达，我们应该以一种抢救的心态去及时抢救和保护，对这些原生态民间剪纸艺术要深入发掘、鉴赏和整理，并妥善保存；对历史上原生态民间剪纸传承人的遗址应有计划地予以保护；组织专人对历史上原生态民间剪纸艺术进行悉心研究，并将研究成果结集出版；有计划、有选择性地深入到民间剪纸艺术盛行地开展调查、收集和研究工作，逐步形成并完善对中国民间剪纸艺术的保存、研究、交流和传承体系。

2. 坚持传承与发扬相结合，永葆其现代活力

首先，大力开发传承的平台。这就要求地方各级政府进一步发挥支持和促进作用，加大对文化遗产保护和开发的投入力度，加大宣传教育培训力度，为剪纸艺术发展搭建更好的平台，营造更加宽松的发展政策环境。譬如，将剪纸艺术作为当地特色产业来开发，在艺术类高校美术系设置剪纸艺术专业，着力培养中国民间剪纸艺术传人，共同抢救并保护民间剪纸艺术这一非物质文化遗产。

其次，丰富、创新改革体系。传统剪纸艺术工作者应在老老实实地学会传统艺术之后，敢于解放思想，大胆地走民间剪纸艺术改革创新之路。应将古老的剪纸艺术大量地融入现代人民生活当中，使传统的民间剪纸艺术与现代文明内容交相辉映。如将传统剪纸艺术与现代服装设计有机结合。剪纸造型蕴涵的独特艺术魅力对服装产生了深远的影响，剪纸艺术在现代服装设计中的具体运用给服装行业带来的无限发展空间。在服装设计这个领域，剪纸艺术图案众多、各具特色，从古朴别致的素雅，到极致妖娆与奢华，都可以表现得淋漓尽致。

再次，形成长期展演、研讨机制。定期在一些城市的博物馆等或旅游胜地展示中国民间剪纸，分期分批邀请民间剪纸艺术家到各地举办专场表演。组织中国民间剪纸艺术的有识之士，积极开展"中国剪纸艺术"的交流、研讨等各项活动，加强对具有浓厚乡土特色以及文化底蕴的当地剪纸艺术的研究，增强剪纸艺术国际交流和互访等，共同将其研究不断引向深入和提高到新的水平，真正将中国剪纸艺术发扬光大。

3. 坚持艺术与市场相结合，彰显其经济价值

在市场经济环境下，传统剪纸无法适应市场需求，剪纸工作者难以获得相应的经济利益是我国剪纸艺术濒临失传的一个重要原因。因此，如何将潜在的资源优势转化为现实的经济利益，保护和提高劳动者创造艺术的积极性，使他们在

生产创作中得到实惠，改善自己的生活质量，是关系到我国剪纸艺术能否继续存活的基础，是实施保护的过程中需要特别关注的问题。通过对剪纸艺术的市场运作，以其特有的艺术形式为基础，进行企业化、专业化生产经营管理，以市场为导向，以经济效益为中心，依靠龙头企业带动剪纸艺术的继承创新和发展，形成贸、工、艺一体化，产、供、销一条龙的经营方式，促进剪纸艺术的发展。比如创办剪纸艺术馆、举办剪纸培训班等，使之作为剪纸的艺术平台来发展，把作品变为商品，走向经济化的市场，用经济来鼓励更多的年轻人来学习剪纸艺术。又如把剪纸作品列入地方名优特产品，到一些高档次文化商品市场进行推介，并在各地进一步开发剪纸艺术品商场，提高档次，让剪纸作品从赠品到礼品进而拓展到商品，以扩大中国传统剪纸的影响，提高其普及程度，提升其经济效益，形成良性互动，促进了剪纸艺术的传承与发展。

4. 坚持艺术与民俗相结合，激活其旺盛生命力

民间剪纸的濒危情况，我国各地文化部门非常清楚，也都积极采取各种措施，使民间剪纸这一民族文化瑰宝不至失传。尽管通过各种方式培养和激励后继人才，但不少地区呈现出"只见种树，不见成林"的效果，剪纸作者越培养越少。因此，保护民间剪纸不能就剪纸而保护剪纸，必须保护与其相关的载体——剪纸民俗。民俗就像孕育生命的母体，剪纸是其中的生命，有了母体就会繁育出丰富多彩的民间剪纸。其实剪纸在民间有着约定俗成的民俗功用，如窗花有祈福、祝平安的文化内含，更有美化居室、教化子女、宣扬伦理道德的作用；剪窗花、送窗花的过程又有促进村民之间、亲朋之间相互关爱、情感交流、社会和谐等深层次的民俗功用。这种积极优秀的民俗文化需要大力提倡。只有我们采取相应的保护措施，激活剪纸民俗，形成文化自觉，就会使传承了千百年的民族民间文化血脉重新跳动起来。

总之，剪纸无论作为一种文化现象还是作为一种艺术形式，从其发展看，需要有大批现代传承人的介入，以现代艺术家与传统的剪纸相结合来充分发掘和汲取传统剪纸的精华，同时不断提高剪纸艺术的思想性和时代性，让传统的剪纸焕发出新的旺盛的生命力，使传统的剪纸艺术得以跟上时代的步伐不断发展，真正使这一来自民间的奇花异卉深入人心，走向全国，走向世界，走向新的辉煌。

二十三、师膳轩

张雄伟 摄

师膳至善

◎黄跃舟

教师用膳之所各校皆备，然其命名各异：若"教工食堂""教师餐厅"是也。福商遂以"师膳轩"榜之。

轩内环境静谧，书画佳作悬挂于四壁，更有教育文化理念穿插其间，有"科研品格"之要求，有"职业境界"之目标，有"师德师风"之警句，乃有警醒师者不断进取学习之意，鞭策其以雍容沉潜之心态、无关功利之素心、广阅博涉之历练，锻就一流师者之学识品德。

赞曰：师膳轩虽为教工膳食之所，实乃师德文化之馆，入则可品书法、赏绘画、观图片、读文字，以菜蔬之膳通向精神之善，终达"食有味之膳、读有用之书、育有善之德、当有为之师"之境。煌煌校园，再添胜景；燦燦学府，又增佳话。正所谓醉翁之意不在酒，在于师德大观园也。

乙未春月，爰为小记。

师膳至善 陈乃琛

通向大学之道的精神之善

◎尚玉瑞

师膳轩者，商专教师食膳之所也。膳者，善也，《大学》有云：大学之道，在明明德，在亲民，在止于至善。师膳轩意在以教师饭食的物质之膳通向大学之道的精神之善。轩内环境静谧，书法、绘画之佳作悬挂于四壁，点缀文雅。在此膳食，实乃物质食粮与精神食粮并进，果腹之欲与陶冶之趣皆享也。

一、教育之源，儒道同一

初入轩，便见竹林七贤图挂于厅中，此图乃商专美术系教师周海彬所作，经由美术系主任、福建工艺美术大师叶林心题跋。画风清丽素朴，笔调疏雅俊朗。画中七人生于魏晋，善属文，溺于酒，耿介自持，不伍流俗，可谓彼时名士之翘楚。七人相与友善，常游于竹林之下，饮酒清谈，扶琴吟诗，故世称"竹林七贤"。

七贤超尘拔俗，至真至性，究其思想之渊源，其皆好老庄之学，清悟有远识。老庄之学乃道家学说。道家精魂是为"道"，力倡"道法自然"，故道家之教，乃"自然"之教，无为而无不为，至柔而至坚，以"行不言之教"达"复其初"之目的，合乎"人性"，顺于"天性"。 与道家齐驱者乃儒家，其核心在于"仁"。儒家先驱是为孔子，变"学在官府"为"学在四夷"，躬行"有教无类"，恪守"因材施教"，发"温故知新、学思结合、循序渐进、知行统一、教学相长、启发诱导"之论断，启"其身正，不令而行；其身不正，虽令不从""博学于文，约之以礼"之哲思，终成"万世师表"。

道家持个人本位论，教人去除俗利，避世无为；儒家持社会本位论，教人重义轻利，入世有为；儒道相克相生，殊途同归。"道"为人之道，"仁"为人之仁，儒道皆持性善之论，俱倡教育是为发扬善性，视生为人之个体，尊其性，重其行，去其劣，开其智，达人文关怀之境。

二、师者之识，垂范万世

再入轩，得见教育文化理念悬于壁柱，内有"科研品格"之要求，外有"职业境界"之目标，乃有警醒师者不断进取学习之意，以雍容沉潜之心态、无关功利之素心、广阅千剑之历练，锻就一流师者之学识。得天下英才而教育之，为君子之一乐也，此君子之乐应为师之乐。师者何人？昌黎先生释师者为传道、授业、解惑之人，然学高者方可为师。丘十五已有志于学，终致弟子三千，贤人七十二，不愧为大成至圣先师。

史上名师皆为饱学之士。先师孔子学而不厌且无常师，多才多艺，知识渊博，堪称"百科全书"；帝师姜尚自幼好学博览群书，上通天文，下知地理，尊为"百家宗师"。民国先生多大家：文通古今胡适之，冠有35个博士牌子；文史大师陈寅恪，人称三百年乃得一见；国学大师梁漱溟，誉为"中国最后一位儒家"。

学识之于师犹衣物之于人，芳香之于花，乃基本素养。智者为师，若师不智，何以解惑、授业？欲授人以鱼且授人以渔，法在"破万卷书"。万世师表孔子尚可"学而不厌"，况凡人耳。水积不厚则负大舟无力。教书育人犹掬水弄花，教学相长师亦学，则掬水月自会在手，弄花香早已满衣。蕴玉怀珠，以身传教，方可垂范万世。

三、先生之风，山高水长

复入轩，又见师德书法垂壁于立柱，诸如"师爱无痕，止于至善""身教重于言传""德为师之本，爱乃德之魂"云云。书法正对处，悬有"教师精神""教师誓词""师德师表""教师操守"之挂图，如此皆是警醒商专教师省于身，塑于形，以师德加持学生，使不因位高而鄙人，不因权重而压人，不因身贵而远人，不因财多而凌人，不因才浓而傲人，亦不因位低、权轻、身贱、财疏、才浅而攀人、自卑于人，达成可爱之人、有骨气之人、受尊敬之人。

授业、解惑之师乃为经师、句读之师，经师易求，人师难得。师者为师亦为范，学高为师，德高为范。以德施教，教之以事而喻诸德，方为人之范也。师取法乎上，见贤思齐，师犹如生之镜，行为可鉴；宛如灯塔，烛照前方。《论语》有云："不能正其身，如正人何？"师德之重要，犹航船之舵，受其指引，方可前行。教人继其志方为善导之师。如是，可受范文正公歌曰："云山苍苍，江水泱泱，先生之风，山高水长。"

然当下教育多有不尽人意者，教师之德亦有反思之处。潜规则流行，毁三观之事频出，凡此种种令人痛心疾首，不免长叹：师道何在？梁启超言："师道不立，而欲学术之能善，是犹种稂莠而求稻苗，未有能获也。"何为师道？师道，乃为君子大人之道。解放"小人"之态为君子之境，育格物致知、意诚心正、修身齐家之人，使其在顽时升为廉，在懦时可立志，在怯时能勇猛，在薄时得敦厚，在鄙时变宽广。

四、教箴之镜，永以为鉴

徜徉中，仿若置身文化林海，流连忘返。纵观天下高校，无一所在饭食之地注入大雅文化，商专可谓开创大学校园文化之先河。书法不在形，有善则灵。绘画不在技，有韵则长。斯是膳轩，唯师德馨。校训铭于心，校歌唱于口。谈笑有同仁，往来无白丁。可以待宾客，尝美食。无油烟之斥鼻，无山珍之乱胃。南接时令广场，东临青春广场。众人云："膳善同在。"

　　师膳轩虽为教工食膳之所，实是师德文化之馆，入则可品书法、赏绘画、观图片、读文字，以菜蔬之膳通向精神之善，终达"食有味之膳、读有用之书、育有善之德、当有为之师"之境。商专以轩为媒，贯彻"三严三实"之精神，锻造"德艺俱馨、止于至善"之氛围，使师持"又严又实"之德，以慎重之行利生，生以师为镜鉴，终纯商专之风气。

　　商专百年史，教箴永流传，"书院""青商""高商""贸校""省商""商专"各具风骚：非以役人，乃役于人，自强不息、甘于奉献；救亡图强，刚正不阿，诚勤为本，学以致用；向往光明，追求真理，财商相融，学用结合；注重人品，敏于做事，精讲多练，三手一口；以德为先，打造"三风"，夯实基础，强化技能；讲究做人，学会做事，理实并重，文商交融。班子领导皆一儒雅文人也，倡文化校园营建，倏忽五年间，卅五场馆矗立，福商精神家园蔚然成形。

二十四、同心苑

张雄伟 摄

同心共荣

◎ 黄跃舟

同心苑乃吾校民主党派之家园。同心者，信念一致之谓也；苑者，院也，同仁聚会之处也。苑之功能，乃为吾校各界学人参政议政、建言献策搭一平台，亦为展示吾校统一战线多党合作成果之重要基地。

环顾同心苑之陈设，有吾国八大民主党派之纲领精要介绍，有吾校民盟支部建言献策之丰富物语，有盟员坚定服务社会之瞩目成绩；图文并茂，尽纳风流，以民主监督之姿彰显政治合作之兼容并包，以精诚携手之为辉映风雨同舟之肝胆相照。

苑内置容纳近百人之会议设施及品茗用具。盟员案牍劳形之余，可藉此涤虑，调节精神。建言者，协商议事、指点江山；养心者，抵掌倾谈、互帮互助。亦可切磋技艺、分享经验，让人生之梦于沟通中碰撞出更精彩之火花，促和谐之文化于交流中有更深远之传播，使家之温情成为盟员进步之动力！

赞曰：多党合作，蔚为世界政党制度景象；协商民主，铺就人类政治文明新途。中华智慧，和谐和睦和美和畅；多党合作，同心、同德、同向、同行！

同心共荣　周海彬

同心聚力　携手圆梦

◎ 梁小红

自古以来，中华民族就有着崇尚和谐的文化渊源。两千多年前，孔子就提出了"世界大同""和而不同"的社会理想。"政通人和""天人合一""以和为贵"都体现出传统文化对"和谐"的深刻理解和不懈追求。正是文化传统中的这一核心价值理念决定了我国人民在对民主的追求与探索中，摈弃了西方民主倾向竞争、对抗的价值内涵，而选择了以合作、有序为内涵的民主价值取向。事实上，正是这种民主价值取向决定了中国人民对协商民主的选择，也正是这种民主价值取向通过民主形式的选择又进一步决定了政党制度模式的选择。

半个多世纪以来，"共产党领导下的多党合作"这一体现了中国共产党人与各民主党派创新的政党制度以不争的事实向世界证明了自身的独特优势。尤其在最近的二十多年里，我国作为一个人口众多、基础薄弱的发展中国家，能长期保持政局高度稳定，人民安居乐业，经济快速发展，相对于其他一些发展中国家和地区被教派冲突、种族仇恨、恐怖袭击、政客争斗的阴影所笼罩，处于长期动荡状态，我国政党制度及其所体现的协商民主的作用和优势不言自明。

商专的"同心苑"便是展示这一民主政治文化的园地。同心苑作为"民主党派之家"和商专"民盟之家"，由中国国民党革命委员会、中国民主同盟、中国民主建国会、中国民主促进会、中国农工民主党、中国致公党、九三学社、台湾民主自治同盟等八大民主党派之简介及商专民盟支部服务社会、建言献策、活动开展的图片、获得的集体、个人荣誉、盟员学术成果等资料陈列组成。它以开放、平和的姿态彰显了高校在政治思想领域的兼容并蓄及党派的亲密合作关系，也展现了我校民盟支部长期以来与校党委风雨同舟、肝胆相照，始终坚持开拓创新，在科教兴省、人才兴校的进程中，为教育事业的改革、发展、稳定所做出的成绩。

一、足迹：统战春秋，多党合作共发展

在同心苑内，我们不仅可看到对我国八大民主党派图文并茂的介绍，还能看到陈列在展柜内的福建省八大党派的刊物：致公党的《福建致公》、农工党的《农工闽讯》、民盟的《福建盟讯》、民建的《民建闽讯》、民进的《福建民进》、九三学社的《福建九三》、台盟"中央"的《福建台盟》、民革的《福建民革》等。不管是简介还是刊物，内容均围绕着党派自身建设、理论与争鸣、建言献策、服务社会、成员风采等，充分展示各民主党派积极利用宣传思想阵地，

反映社情民意、履行参政议政，民主监督的职能。

中国各民主党派是在中国新民主主义革命中产生的。在中国历史发生根本性变革的重大关头，随着国共两大阶级力量历史性对决的展开，不同的社会力量都因自身的性质和地位不由自主地寻找着生存方式与政治出路。由于独立、和平、民主的政治理想与主张与中国共产党的一致，1948年5月5日，以民盟为代表各民主党派发表联合通电，响应中共"五一宣言"，拥护共产党，接受共产党领导。民主党派在关键时刻作出了正确的政治选择，开启了中共与各民主党派全面合作的新关系。

我国的人民民主统一战线在新中国成立后进入了一个崭新的时期。迄今为止，中共中央先后召开了20次全国统战工作会议，其间不断完善多党合作的方针政策。在新中国成立初期，大力推进多党合作工作。1950年的第一次全国统战工作会议上，周恩来指出，"民主党派在人民民主统一战线中起着相当重要的作用"。毛泽东指出，"从长远和整体来看，必需要有民主党派"。1952年的第三次全国统战工作会议上指出，民主党派发展成员，应以其所联系的阶级、阶层的中上层代表人物为主要对象；应支持民主党派依照共同纲领从事合法活动等。1956年的党的"八大"决议指出："必须按照'长期共存，互相监督'的方针，继续加强同各民主党派和无党派民主人士的合作，并且充分发挥人民政治协商会议和各级协商机构的作用"。1957年的第八次全国统战工作会议上，毛泽东同志在讲话中全面深刻地阐明了在共产党和各民主党派的关系上实行的"长期共存，互相监督"的方针。

我国的多党合作制度在改革开放以后得到更大的加强。1982年在党的第十二次代表大会的政治报告中，党同民主党派"长期共存，互相监督"的八字方针发展成为"长期共存，互相监督，肝胆相照，荣辱与共"的十六字方针，使中国共产党领导的多党合作在四项基本原则的政治基础上得到了进一步的发展。1990年的第十七次全国统战工作会议指出要坚持和完善中国共产党领导的多党合作和政治协商制度。1993年的第十八次全国统战工作会议认为，把"中国共产党领导的多党合作和政治协商制度将长期存在和发展"写入了宪法，这对推动社会主义民主政治建设必将产生重大而深远的影响。2000年的第十九次全国统战工作会议进一步指明了坚持和完善共产党领导的多党合作和政治协商制度的方向，概括了"共产党领导、多党派合作，共产党执政、多党派参政"是我国多党合作制度的显著特征。从"长期共存，互相监督"八字方针的提出到"中国共产党领导的多党合作制度"的确立，再到进一步的完善和发展，充分显示了多党合作民主政治的生命力。

二、合作：政中巨擘，民盟助力教科文

在同心苑内，还陈列有我校唯一的民主党派基层组织——民盟支部所在的民盟中央发布的重要文件及民盟中央主办的国内外公开发行的《群言》、机关内部刊物《中央盟讯》，以及民盟中央及民盟福建省委建言献策的成果资料等。从展板的文字介绍到陈列的各级民盟材料，丰富的物语无不显示了民盟爱国的情怀、致力于文教建设的踏实作风以及扎实于基层调研的实践精神。

中国民主同盟（简称民盟）是主要由从事文化教育以及科学技术工作的高、中级知识分子组成的，具有政治联盟特点的，接受中国共产党领导、同中国共产党通力合作，进步性与广泛性相统一、致力于中国特色社会主义事业的参政党。截至2014年10月底，民盟共有成员25.3万余人，是八大民主党派中成员最多的一个党派。成员中具有高级职称的占43.1%，院士有50人，代表性人士如陶行知、费孝通、钱伟长、季羡林、谈家桢、苏步青、陶大镛、厉以宁等。民盟积极参加国家政治生活，参与经济建设、文教建设和其他方面重大问题的协商和讨论；参加国家大政方针、政策、法律、法规的制定执行，履行参政党参政议政、民主监督的职责。改革开放至今，民盟先后举行的第五至十一次全国代表大会，为坚持和完善中国共产党领导的多党合作和政治协商制度、推进社会主义民主政治和法制建设、加强参政党自身建设，做了不懈的努力。尤其是在参与教育改革和智力扶贫方面，进行了不少有益的探索。

在同心苑内，还以多姿多彩的图片配以简洁的文字说明，展示了校党委对统战工作的高度重视、对民盟支部的精心指导和大力支持；以生动活泼的图片展现支部开展送温暖的系列活动，打造出一个凝心聚力的盟员之家；以丰富的课题报告、学术著述、荣誉证书等展示了盟员在各自领域中取得的成就。商专民盟支部是我校唯一的一个民主党派支部，成立于1999年，由成立之初的9人发展至今24人，其中高级职称盟员13人（正高职称2人），有8人担任省级或校级专业带头人或教研室主任。支部始终秉承"强素质、塑形象、凝心聚力助发展"的组织建设原则，密切党盟联系，努力创建一个"多为学校做贡献，我为民盟添光彩"的活力基层组织。

支部盟员立足本职、积极进取，在各自岗位中取得令人瞩目的成绩。在教书育人方面，盟员们获得了"优秀教师""优秀科技工作者""教学优秀"等荣誉称号；带领学生参加省级、国家级专业技能比赛屡获佳绩；获得两届省级教学成果奖；在校级、省级乃至全国职业院校信息化教学设计大赛中捷报频传。科研成果方面，在CSSCI核心刊物上发表论文近二十篇，主持或参与省级、厅级课题二十余项，主编或参编教材十余部。盟务工作方面，有盟员在民盟福建省高等教育工作委员会、职业教育委员会、基础教育工作委员会、青年委员会、文化

艺术委员、妇委会担任职务或委员；有盟员当选"鼓楼区人大代表""盟省委委员""民盟省第十二届代表""民盟省第十三届代表""民盟第十一次全国代表大会福建省代表"等；有盟员荣获"建盟70周年先进个人""民盟福建省优秀盟员"，区人大"优秀代表"等光荣称号。而民盟支部作为集体则获得"福建省先进基层组织""建盟70周年先进集体"等荣誉。

支部充分发挥党派的参政议政职能，开展多元化的建言献策活动。盟员的课题成果《进一步促进民办高校可持续发展》作为"教育与海峡西岸经济区建设"论文之一获省统战系统第三届"海西论坛"论文一等奖。课题成果《高校毕业生就业难原因分析及对策建议》获省统战系统首届"海西论坛"论文二等奖。课题成果《高职毕业论文改革研究与实践》获福建省第七届高职教育教学成果二等奖。课题成果《创新职教体制机制，推广现代学徒制》被《福建日报》求是版刊发。这些成果来自于盟员大量的调研实践，并最终以课题报告的形式发挥建言献策的功能。此外，在商专每年举行的党盟座谈会及民主党派征求意见会、教代会上，盟员踊跃发言，就学校的发展规划、教学工作、行政管理、职工福利等各个方面提出意见和建议，如在新校区建设过程中出现的新校区体育设施配备与管理问题、后勤服务跟不上新校区实际情况问题、新区学生实践教学问题等，不少具体建议被学校采纳。

支部始终坚持开展以关注贫困地区、关爱贫困学子为主题的社会服务型活动。支部曾为大田县济阳乡德仁贫困村公路建设捐款；为学校联系福州市游泳协会到校招收暑期勤工俭学学生；促成市泳协向我校贫困生捐赠近千套运动服并与我校签订勤工助学基地协议；为永泰塘前中心小学的图书馆购买图书；为汶川地震灾区捐款；为张澜家乡植树造林捐款；为学校患肾衰竭的学生捐款；为残奥会捐款；与将乐团县委建立了帮扶将乐县贫困中小学生的结对子助学关系，与5名将乐贫困中小学生建立起帮扶联系；筹资捐建将乐县黄潭镇青年活动中心；捐助尤溪县台溪中心小学贫困学生；看望潘渡乡陀市村孤寡老人，为他们送去日常生活用品及慰问金。

三、展望：继往开来，携手共圆中国梦

同心苑内有可容纳近百人的会议桌椅，有古朴大气的品茗用具，盟员们可在这宁静温馨的校园一隅协商议事、指点江山，切磋技艺、分享经验，促膝相谈、互帮互助，使盟员的思想在沟通中碰撞出更精彩的火花！使和谐的文化在交流中更加深远的传播！使家的温情成为盟员进步的强劲动力。

早在十二五的开局之年，校党委林彬书记就在福建商专民盟支部建设研讨会上强调，在大力推进海西建设、发展福建教育和振兴百年商专之际，我校民盟组织应紧跟形势，加强自身建设，积极引导党派成员自觉加强政治理论学习，开展

各种形式的思想教育、形势和任务教育、多党合作优良传统教育等活动，不断提高对参政党地位、性质和历史使命的认识；要进一步增强加快推进教育改革发展的紧迫感和责任感，以更高的站位、更宽的视野、更实的举措，不断提高教育教学质量水平，着力培养造就大量的高素质人才；要切实肩负起时代赋予高校"科教兴国"的历史任务，敢于争先，发挥整体优势，聚集整体力量，切实履行参政议政职能，紧扣发展开展调查研究，形成具有针对性、可操作性的调研成果，建睿智之言、献务实之策，为我校科学决策提供有价值的依据；要进一步提高民主监督的政治自觉性、责任感，充分发挥自身的专业特长，积极主动、踊跃担任特约监察员、检查员、审计员、学术委员会委员和教学督导员或党风、党纪、政纪监督员，充分发挥民主监督作用，更好地促进我校决策更加科学化、民主化。有学校党委的正确领导，同心苑将见证我们在大教育格局中风雨同舟，实现商专百年梦！

　　时代的深刻变化对民主党派的社会功能和作用发挥提出了更高要求，随着民主政治建设的深入推进，民主党派的政治功能会更加丰富，民主党派参与政治、联系社会的平台会逐步扩展。作为在国家政治结构中处于重要地位的参政党，在中国特色社会主义政治发展道路中能够发挥什么样的功能、扮演什么样的角色，是决定新时期民主党派社会地位的关键所在。中国共产党十八大以后，习近平总书记提出振兴中华、实现中华民族伟大复兴的中国梦。实现中国梦，必须走中国特色社会主义道路，实现中国梦必须凝聚中国力量，因此，各民主党派都有责任、有义务为实现中国梦贡献力量、添砖加瓦，只有在政治上完善多党合作，在经济上积极发展，在社会上促进和谐，中国梦才能离我们越来越近，越来越清晰。有中国共产党的正确领导，同心苑将见证我们在大统战格局中同心聚力，携手共圆中国梦！

二十五、园丁苑

张雄伟　摄

温馨家园

◎ 黄跃舟

闽浙孔道之侧，实训大楼一隅，隐处小苑，避尘嚣之喧杂。庭院遍布草坪，行覆绿荫，收花草之灵气，聆流水之清音，去烦逐忧，洵为佳境。

所谓园丁苑，即教师沙龙，又称教工之家，乃园丁品茗休憩、强身健体、交流分享之场所。苑小温馨，胜友沓至。其中八方之俊彦、四海之雅士、翰苑之方家、教坛之新秀，盘桓其间，宛如家园，和音雅律，无量欢喜！

人生天地间，不唯有物质之栖所，更需精神之家园。苑虽小且隐，亦不乏趣、境、韵。因缘相投而交流砥砺，固有聚趣；品茗悟道而谈古论今，是为品趣；各抒己见而求同存异，此乃意趣。趣含雅而不俗，趣之升华为境界。韩愈《师说》，千古名篇，万口传颂，至于不朽。师者何为？所以传道授业解惑也。传道者，传其经也；授业者，授其术业；解惑者，正其心也。业师、经师与人师，此三种乃为师者"三种之境界"是矣。养性修心，闻道在先，达天地之境界，如此，小苑之功显矣！是为记，甲午荷月。

温馨家园 赖靓楠

教工向往的温馨家园

◎ 陈世清

园丁一词来源于《汉书·董仲舒传》，古称"园夫花丁"，指专门从事园艺、花卉的劳动者，借喻为"教师"。当我们走进福建商业高等专科学校实验楼一楼，首先映入眼帘的是一块赫然醒目的牌匾"园丁苑"。这里是园丁们休闲娱乐、强身健体、品茶叙旧、交流教学经验、启迪教学智慧、分享教学成果的场所。在这个温馨家园中设有茶艺室、棋牌室、乒乓球室、台球室和各式各样的健身器材。墙壁四周悬挂着"强化工会建设职能，提升工会服务理念""增强主人翁意识，推进学校法治建设""积极创建省模范职工之家，努力当好最可信赖的娘家人"和"工会知音"及国家领导人论工会工作的展板，七个展柜中陈列了《中国工运》《福建工会通讯》《福州工运》《工运研究》《生活创造》《海峡姐妹》等各种杂志以及《中国工会文体娱乐活动百科全书》、最新版本的新编基层工会干部岗位培训与综合素质提升辅导教材、工会工作实务操作规范与流程指导丛书、学校教代会文件汇编、各种荣誉证书、五一先锋岗牌匾等，处处体现了学校坚持"党建带工建，工建服务党建"深入开展创建学习型、服务型、创新型教工之家活动的良好氛围。学校在教工之家建设过程中不仅注重硬件设施的投入，还十分重视文化韵味的打造。

一、园丁苑之沙龙的趣味

沙龙是法语salon的音译，中文意即客厅。福建商专园丁苑还有一块牌子是"教师沙龙"，无疑是商专教工文化活动的场所。商专教师沙龙的趣味在于：

①聚趣。聚趣就是汇聚趣味相投的同仁交流切磋，分享趣事，主要体现在静和动两个方面：一是静的方面，以茶艺展示、棋牌比赛、无主题讨论等形式开展活动。人与人之间，相识相知皆是缘分，而由茶结成的缘分，则多少带了点雅致的气息。茶是一种非常有魅力的"润滑剂"。生活中人与人之间，难免会发生一些不愉快或误解，只要一方主动邀请对方一起品茶、聊天，很多问题都能得到化解。通过以茶会友的交流让更多人通过茶而有了"缘"。在这里，有人收获香韵，有人收获心情，有人则收获哲理。二是动的方面，以乒乓球比赛、台球比赛、健身教学等形式开展活动，大家享受到了体育运动带来的快乐，增进了相互间的情感和友谊，同时也加深了彼此间的了解和沟通。实现了"以球会友、以球知友、以球益友"，生命在于运动，幸福基于健康的目的。

②品趣。从沙龙活动的项目中可以品味到不同的趣味，如茶趣、棋趣、牌

趣、球趣、健身趣、闲聊趣等。以茶趣为例，茶趣即品茶的趣味。而品茶之趣在于过程，品茶之际，也是各显神通的时候，或奕棋，或讲书，或谈古论今，言南道北，洋洋洒洒，蔚为大观，正如胡德棒之联曰："品茗悟道闲中趣，谈古论今座上宾"。真有"酣饮在茶馆，笑语满人间"的无穷乐趣。以棋趣来说，棋盘虽小，却玄妙多变，见仁见智。如天地阴阳、王政、兵法韬略等。棋局如战场，黑白双方运兵布阵，攻占御守，斗智比勇。东汉文士应场说："博弈之道，贵乎严谨"，既要有出世之大略，又要有入世之细谋。"古松流水间，唯闻棋声""闲敲棋子落灯花""胜固欣然，败亦可喜"，古人弈棋的乐趣可见一斑。教师们闲暇时，下棋交友，益智增慧，可谓是在慢中品趣，在品趣中提高心境。

③提趣。从现实的"趣"提升到理想的"趣"。沙龙以分享自己的过往趣事为开端，对人生的各种"趣"进行交流。有些趣事搞笑生动，而有些却笑中带泪。诸如有的老师抛出了问题：教师真的很伟大吗？教师生活是应该过的功利些还是自由些？虽然我们很清贫，但是我们也是最富有的。因为，我们是春天播撒种子的人，我们心中有着秋收的期盼；我们也是清晨的一缕阳光，我们有着勇往无惧的精神，是任何乌云也挡不住的；我们还是夜空中的启明星，我们有着奔向光明的执着！在激烈的讨论后得到一致性的见解：教师的职业是高尚的，要成为一名优秀的教师，必须提高境界。

二、园丁的境界

清人王国维《人间词话》说："古之成大事业、大学问者，必经过三种之境界。"第一种境界："昨夜西风凋碧树。独上高楼，望尽天涯路。"这是肯定人生职业的抉择。第二种境界："衣带渐宽终不悔，为伊消得人憔悴。"这是感受生命体验的执着。第三种境界："众里寻他千百度，蓦然回首，那人却在，灯火阑珊处。"这是赞叹人生价值的实现。哲学家冯友兰的《新原人》把各种不同的人生境界划分为自然境界、功利境界、道德境界、天地境界四个等级。教师是有目的、有计划传播文明、塑造心灵的人。选择了教师职业，人就越过了自然境界。要作为一名有理想有追求的教师还需要经历职业境界、事业境界、生命境界三个阶段。

1. 园丁的职业境界

园丁的职业境界属于功利境界，这是一位合格教师应有的境界。为了生存、发展，他必须从事教师职业，必须承担教师的职业责任。具体到工作上无非是备课、上课、批改作业、课外辅导、做学生的思想工作、组织复习考试、开展班级活动等。处于职业境界的教师必须了解教育的目的、内容、对象、过程，精通教育教学业务，根据岗位规范组织教育教学活动，对学校和全体学生负责。处于职业境界的教师如果不能完成规定的教育教学任务他将失去赖以生存的教师工作。

在教师岗位上，没有令人羡慕的地位和权力，更没有悠闲自在的舒适和安逸，更多的是辛苦、操劳、责任，这就需要我们大力提升教师的职业认同感，进而使教书育人成为毕生的事业追求。

2.园丁的事业境界

中国古代著名思想家朱熹强调："敬业者，专心致志以事其业也。" 园丁的事业境界属于道德境界，这是一位优秀教师、教育专家应有的境界。康德说过，在这个世界上，唯有两样东西深深地震撼着我们的心灵，一是我们头上灿烂的星空，二是我们内心崇高的道德。道德境界不仅仅是引导教师积极有效地完成教书育人的工作，更是把教书育人作为神圣而内在的使命。处于事业境界中的老师，以"热爱教育事业"为师德的本质要求，以"热爱学生"为师德的灵魂，以"教书育人"为天职，以"为人师表"为准则，以"终身学习"为表率。他们热爱教育事业，积极投身到教书育人的系统工程中去，努力工作，为学生洒下知识的朝晖，为学生高擎探索的火把。

3.园丁的生命境界

园丁的生命境界属于天地境界，这是一位教育大师应有的境界。商专在风雨兼程的百年办学历程中，涌现出一代代、一批批热爱教育、敢为人先、尽职尽责的名师，如黄乃裳、陈宝琛、严叔夏、倪耿光、徐启明、徐昌晋、陈植等，他们全身心地投入教书育人事业，呕心沥血、乐此不疲，以桃李满天下作为自己的人生目标，以培养优秀人才为己任、忠于职守、默默耕耘、无私奉献、为人师表，为学校培养了一批批像郑作新、唐仲璋、陈必猛、高力夫、章振乾等专家、学者、革命志士、实业家。作为"薪火相承"的新一代商专教师，我们也许无法"超凡入圣"，但无疑同样可以在朴素中追求卓越和高尚，成为一名学高身正、行为卓越、富于人格感染力的优秀教师。

三、春泥的作为

印度大诗人泰戈尔说过："花的事业是甜蜜的，果的事业是珍贵的，让我干叶的事业吧，因为叶总是谦逊地垂着她的绿荫的。"如果说，学生是花木，教师是园丁，园丁悉心照料着花木，但需要尊重它们自然地成长。教师的工作比园丁的工作也复杂得多，随着教育变革持续化，新问题、新情况、新矛盾层出不穷，教师需要不断适应新的挑战，需要不断调整自己的教学理念和行为。学生自身的成长、创新人才培养的需要、教育要求的变化等，都需要教师越来越有作为。

①园丁要成为信息整合的能手。今天我们生活在一个信息化社会，信息就像空气一样弥散在我们的周围，教师需要不断提高自身的信息整合能力，否则就有可能被信息淹没，无法定韬略、辨方向。"整合"就要有立足点，就要有基本立场。这种立场就在于教师自身的教学理念，在于自己对教学的基本认识。我们经

常讲要打通学生的生活世界和书本世界的联系，学生生活世界的信息就需要教师有意识地整合进教学的书本世界之中。我们每天都接触各种媒体，网络的信息汹涌而至，整合也意味着教师要及时吸收并转化这些信息，让这些信息为自己的教育教学活动所用，为自己的认识与视野的拓展服务。作为闽商摇篮的园丁，必须醒悟现在是一个跨界发展的时代，每一个行业都在整合，都在交叉，都在相互渗透。

②园丁要有激发创新的能耐。以往，教师在课堂上几乎可以支配一切，学生的一言一行、教学内容的选择、教学方法的运用、课堂教学的进程等，完全由教师掌控。但在今天这样一个多元、开放的社会形态中，教师需要从激发学生的主观能动性出发，从提高学生自主学习能力出发，从唤醒学生主体意识出发，要求教师每一堂课都要有创意设计。备课就是创意设计的过程，有了创意的设计，课堂才有可能转变原有一言堂的状态，课堂才能真正焕发生命活力，才能充分发挥学生的自主创新学习和自由创造精神。

③园丁要有持续学习的能力。在农耕文明时期，一个教师只要学几年就可以教一辈子，私塾先生就是典型代表；工业文明时期，一个教师只要学十几年就可以教一辈子，师范生毕业大概就可以了；而在今天，一个教师只有学一辈子才能教一辈子。有位教师感慨地说"要给学生一杯水，自己就要成为一条河"，我觉得这应该是一条奔流不息的河。朱熹说："问渠哪得清如许？为有源头活水来。"一个优秀教师有着多个方面的特征，但有一个特征是必备的，那就是持续学习的能力，爱学习、善学习、会学习。人类的进步、知识的更新、职业的挑战、自身发展的需求、学生的深刻变化等，都需要教师终身学习，把学习当作一种生活方式、工作责任、精神需求。

总之，园丁苑是组织开展丰富多彩、形式多样的沙龙活动的平台，它可以使教师们在繁忙紧张的工作之余能享受到轻松快乐的闲暇时光，是广大教职工向往的温馨家园、心灵家园。

二十六、校训墙

张雄伟　摄

校训理念

◎ 陈达颖

　　校训之灵魂，乃和而不同、传承创新、象贤悦志、各美其美；校训之标尺，乃循理求是、培德顺道、与时俱进、止于至善；校训之境界，乃陶冶情操、规范言行、内聚人心、外塑形象。校训文化源远流长、教哺广大。自古至今，设庠、序、学、校以传之。庠者，养也；序者，射也；学者，伦也；校者，教也。莘莘君子，越陌度阡，投师问学，修身养德，传承薪火，馈报桑梓。近现代中外大学皆视其为圭臬、蔚成大观。百年商专，秉"明德、诚信、勤敏、自强"之校训，循"品行教育""素养育人"之径途，涵化"闽商摇篮"，续谱世纪华章。

校训理念　陈秀免

用"有意味的形式"打造高校特色校训文化

◎尚玉瑞

英国视觉艺术评论家克莱夫·贝尔在《艺术》一书中提出:"艺术乃是有意味的形式。"华东师范大学中文系教授、博导殷国明在《艺术形式不仅仅是形式》一文中说:"艺术作为一种普遍的心里媒介,使艺术家通过它把一般生活经验转换成某种艺术存在,因此,艺术同时也是一种'有形式的意味'。"现今呈现在我们眼前的福建商业高等专科学校(下文简称为"福建商专")贵安新校区内的"校训文化长廊",不仅是当下高校校训文化的一大创新之举,也是"有意味的形式"和"有形式的意味"之文化艺术存在,更是商专文化包括校训文化百余年来"有形有味的积淀"。

一、校训文化长廊之"有意味的形式"

在高校众多的育人元素中,校训由于其高度浓缩了学校的办学理念、治校精神和文化传统等内涵,因而具有十分独特而有效的积极作用和深远影响。福建商专校训文化长廊以形形色色的自然之石、篆刻大师的书法镌刻以及校园文化景观群的打造开创中国高校校训文化之"有意味"的新形式。

1. 有形的石头——"玲珑出自然"

校训文化营造的内容分为文字内容和物质内容,校训物质内容是校训文化活动的物质性载体,一般体现在将校训置于牌、墙、碑、刻等建筑中,或将校训写入招生简章、学校简介、新生入学通知书、毕业纪念册等上面。曹雪芹《题自画石》诗云:"爱此一拳石,玲珑出自然。"将校训置于建筑中,石头当是首选材料。与中外其他著名学府不同的是,福建商专选择的不是一块石头,而是100块石头。福建商专贵安新校区依山傍水,在新校区建设过程中学校因地制宜,挑选山中"有模有样"的100块石头,砌成墙体,并由中书协会会员、福建省篆刻大师叶林心在或方形或圆形或菱形等不同形状的石面上篆刻出81所中外著名高校的校训,形成校训文化长廊之景观。

2. 有韵的篆刻——"天巧都存篆刻中"

篆刻艺术是书法和镌刻相结合来制作印章的艺术,是汉字特有的艺术形式,是书法、章法、刀法三者完美的结合,迄今已有三千七百多年的历史。"天巧都存篆刻中",福建商专校训文化长廊所篆刻的81所高校的校训分别是用不同的颜色、不同的字体篆刻出来的,将校训的字体选择与各校的办学特色和校训含义相配,让书法、镌刻与意境相得益彰,使师生在品味各校校训内涵的同时也领略到了书法的魅力、欣赏到了篆刻的韵致，不能不说是美的体验和美的享受。

3. 有味的景观——"润物细无声"

"借山光以悦人性，借湖水能静心情"，文化的独特作用与功能之一就是持久深入的潜移默化的影响，正所谓"润物细无声"，所以校训文化在营造内容过程中，除了要营造文字内容和物质内容，更要注重营造良好的文化环境，使广大师生在校训文化氛围熏陶下，潜移默化地体验校训文化的感召力。福建商专以新校区建设为契机，把文化视角纳入校园环境建设中来，打造校园文化景观群，形成文化濡染力。在全国高校中独具特色的福建商专校训文化长廊，旁接健身广场、紧邻时令广场，同样拥有强大的濡染力，它用中外名校的校训理念滋养师生，使他们获得积极向上的精神力量。

二、校训文化长廊之"有形式的意味"

福建商专校训文化长廊不仅仅创造了校训文化的新形式，在形式的表面之下更有着丰富的"意味"。日本学者黑田鹏信有言："知识欲的目的是真；道德欲的目的是善；美欲的目的是美，真善美，即人间理想。"商专校训文化长廊希望在形式的刺激下激发广大师生的知识欲、道德欲和美欲，使其达到真善美的和谐统一。

1. 有真的要义——真知灼见

大学是学生求知、求学的圣地，大学校训对师生常有激励引导的作用。福建商专校训文化长廊除了篆刻本校校训外，还篆刻了39所中国"985"高校校训、6所港台著名院校校训以及35所国外著名院校校训，其中39所中国"985"高校校训中，含有"博学"二字的便有复旦大学、华南理工大学、中山大学、国防科学技术大学。"博学"在中国传统经典著作《论语》《中庸》都有出现，比如复旦大学的校训"博学而笃志，切问而近思"便出自《论语·子张》："博学而笃志，切问而近思，仁在其中矣"。怀着对"名校"仰慕和钦佩的心情，广大师生都会来到校训文化长廊前驻足赏读，品悟中外最著名学府的校训理念，与其"神交"，不自觉间便内化为对自己的评价标准，并依据这一标准及时调整和校正自己的行为，最终达到激励和劝勉师生求知的目的。

2. 有善的训导——止于至善

"止于至善"出自《礼记·大学》："大学之道，在明明德，在亲民，在止于至善。""至善"是大学教育的最高境界，被众多大学引为校训，如福建商专校训文化长廊所篆刻的东南大学的校训"止于至善"以及厦门大学的校训"自强不息，止于至善"等。每个学校都有自己的"校训故事"，不同学校的校训，在文字不同的背后却有共同的内涵——都是做人做学问的道理。一所学校的精神并不在于他培养出了多少大师、精英，而在于普通的毕业生怎样去看待和践行校训教导他的道理。福建商专校训文化长廊中所篆刻的81所大学的校训，吸引、感染、塑造着广大师生，这种无形的力量对师生思想、情感、意志、性格和行为进行渗透并内化，这种隐性教育是其他任何教育方式和手段所无法取代的。

3. 有美的升华——厚德载物

王国维说："然有知识而无道德，则无以得一生之福祉，而保社会之安宁，未得为完全之人物也。"在中国传统伦理思想中，"德"是人终生应该追求的目标，有着极其深刻的内涵。中国大学的校训，大都具有中国儒家伦理思想中的"厚德"之教，福建商专校训文化长廊所篆刻的81所高校校训中，除去国外的35所院校，剩下的46所中国知名院校中有8所院校的校训都含有"德""明德""厚德"等字眼，如福建商专校训是"明德、诚信、勤敏、自强"，清华大学校训是"自强不息，厚德载物"等。中国大学校训中以"德"为首、以"德"为魂的思想反映了大学"厚德载物"的价值取向，福建商专的广大师生在观览校训文化长廊之时，激发求知、求善欲念的同时，也将对自己提出"厚德"的要求，达到美的升华。

三、校训文化长廊之"有形有味的积淀"

在新校区建设过程中，福建商专将文化视角纳入其中，以"历史自觉""文化自觉"的精神打造"场馆"文化和"环境"文化，以具体可感的实物让广大师生充分感知校训文化、廉政文化、福商文化等多元文化形态，故而校训文化长廊只是商专特色文化形态之一，是商专校园文化百余年以来"有形有味的积淀"，它折射出商专人的文化理念、文化传承与文化弘扬之志。

1. 有"文"的理念——文化自觉

大学校训所承载的是一个学校的历史和文化底蕴，是高等院校办学理念和治学精神的集中体现，是学校的精髓和灵魂。享有"百年学府、闽商摇篮"美誉的福建商专其办学渊源可追溯到由爱国侨领黄乃裳创建于1906年的"福州青年会书院"，在办学之初，黄乃裳就重视学府文化的创生，他重视国学，倡导西学，兴办新学。至今已有百余年历史的商专文化可以说是"中西合璧"的结晶，既融入了传统文化的精髓，又汲取了西方文化的精华，还发扬了中国共产党倡导的革命文化，体现了与时俱进的时代精神，形成了现代商专"明德、诚信、勤敏、自强"的校训精神和文化理念。

2. 有"化"的传承——外化于景

校训作为一种传统文化具有很强的传承性。商专百年来始终注重传承明德知礼、经世致用、追求至善的教育传统，当下更是不断将品行教育、历史自觉、幸福教育、大爱精神等教育发展的新理念、新使命融入学校全面发展之中，尤其是随着贵安新校区的落成以及湖前校区功能的调整优化，商专将学校的历史传统外化为生动的人文景观，营造出独特的校园文化。商专每一个师生日日受校园人文景观人文精神的熏染，久而久之，受其潜移默化的心理脉冲，慢慢内化于心中的一种精神品质，并外化于行，形成商专文化的凝聚力和向心力，筑造起促进百年商专健康发展的精神大厦。

3. 有"宜"的弘扬——因时制宜

校训是大学传承下来的理想追求和行动指南，应当得到大力的弘扬，比如具体践行在教学、科研、管理各个方面，蕴含在大学的无形理念和有形制度规范中。福建商专通过设立校训文化长廊，倡导大学理念，并结合大学制度建设等，全面拓展校园文化建设路径。南京大学杨德才教授认为以校训作为切入点，对大学精神展开进一步的研究，是大学文化软实力建设不可或缺的途径之一，他建议学校以校训作为道路的名称，能时刻提醒学生牢记校训的教诲，树立社会责任、国家担当和世界关怀。弘扬校训精神，除了因时制宜制定不同的制度规范之外，还应与时俱进，与培育和践行社会主义核心价值观结合起来，使校训成为大学践行社会主义核心价值观的有形载体。

二十七、桃李园

张雄伟 摄

桃李芬芳

◎ 黄跃舟

"植桃李芬芳，育祖国栋梁。"桃李满园，传薪福地。夫桃李者，同属蔷薇科。春华秋实为季，南植北种皆宜。其花淡雅清丽，明艳脱俗；其果玲珑丰硕，表里不凡；其味鲜美爽脆，甘酸适度；其效营养益寿，理性温平。桃李之品德，更为世人赞：生于寒瘠而性不卑，居于困囿而志不靡，负之名节而行不欺，处之纷扰而形不邪。诚堪称大丈夫者矣！

十年树木，百年树人。昔日僻地荒凉，杂草丛生；今朝桃李无言，下自成蹊。心湖新竣，古道焕彩，界外石来，灵气既铺，沿湖廊道，集古今桃李格言镌石上，谓华如桃李、桃来李答、桃李争妍、投桃报李、桃李满门、桃李成荫、公门桃李、桃李门墙……不一而足。冀教泽宏敷，如桃李春风谆教诲；期学子承惠，似桃李芬芳满天下！

桃李芬芳 白锦莲

百年福商的"诗意栖居地"

◎ 陈达颖

"春风先发苑中梅，樱杏桃梨次第开。荠花榆荚深村里，亦道春风为我来"，时值芳菲春暖花开时节，徜徉在贵安新校区，漫步在桃李盛开、桃李争妍、桃李成荫的桃李园，宛若置身花海，被温暖之情、幸福之感包围，这里便是百年福商的"诗意栖居地"——温暖你我的"桃李园"。中国的桃李文化源远流长，文人墨客赋予桃李以灵气的精神内涵：桃是吉祥的象征，婚嫁时用鲜桃寓意着幸福生活；桃是福寿的象征，寿星手捧仙桃寓意着延年益寿；桃是喜庆的象征，王母娘娘的蟠桃瑶池会寓意着吉祥如意；桃是仁义的象征，刘关张桃园三结义寓意着兄友弟恭；桃是辟邪的象征，春节对联刻在桃木上寓意着来年顺利；桃是美好的象征，诗人笔下的桃花源寓意着出尘脱俗；桃李更是莘莘学子的美好称誉，引无数学子引以为荣。德国诗人荷尔德林在《人，诗意地栖居》中谈到美好的生活时感悟："充满劳绩，然而人诗意地栖居在大地上"，并在《远景》诗中抒发："当人的栖居生活通向远方……自然栖留，而时光飞速滑行。这一切都来自完美。于是，高空的光芒照耀人类，如同树旁花朵锦绣"。人们在物质生活丰富时更渴望精神家园中充满美好的情愫，正是这种诗化的生活让我们享受一种诗意的人生。百年福商不仅创造了"桃李园"的"诗意栖居地"，更是让我们享有一种充满美好盛景的"精神栖居地"。

一、"桃之夭夭，灼灼其华"——"桃李园"之于百年福商的"地理"意向

"桃之夭夭，灼灼其华，之子于归，宜其室家；桃之夭夭，有蕡其实，之子于归，宜其家室；桃之夭夭，其叶蓁蓁，之子于归，宜其家人。"《诗经·周南》中的叙事抒情诗传唱已久，成为桃之吉祥如意的象征。《桃花源记》塑造了平等美好、丰衣足食的世外桃源："忽逢桃花林，夹岸数百步，中无杂树，芳草鲜美，落英缤纷"。陶渊明创造了"诗意栖居"的理想"桃花源"作为中国文人的精神栖息之所，世世代代吸引着文人墨客，形成了他们的桃源情结。王维写过《桃源行》的长诗："当时只记入山深，青溪几度到云林。春来遍是桃花水，不辨仙源何处寻。"唐代张旭在他的《桃花溪》中流露出对"桃源"的向往："隐隐飞桥隔野烟，石矶西畔问渔船。桃花尽日随流水，洞在清溪何处边？"深受南宋战乱之苦的诗人谢枋得，对桃源更是心向往之，在《庆全庵桃花》中写道："寻得桃源好避秦，桃红又见一年春。花飞莫遣随流水，怕有渔郎来问津。"金庸的《射雕英雄传》《神雕侠侣》中"桃花岛"象征着宛若仙境的美好爱情与生

活，据悉秦时安期生抗旨南逃至"桃花岛"隐居，修道炼丹，一日醉墨洒于山石，成桃花纹斑斑点点，"桃花岛"因此而得名。可见，"桃花源"之"地理意向"在传统文化中远离尘嚣，桃源情结渗透着儒与庄互补的文化精神，让人独善其身、寄情山水、回归田园，在庄禅的境界中求得精神上的休憩，是让人心驰神往的"诗意栖居地"。

"桃李园"的"地理"意向对于百年福商而言，是春意盎然、春和景明、春风桃李之"精神栖居地"。"桃李园"在"心湖"之畔，百棵"桃李"摇曳在和煦的春风中，与心湖互相辉映、顾盼神影；园中星罗棋布点缀着篆刻大师叶林心镌刻的或篆书或隶书或行楷的"桃李格言"，散发出墨韵清香、古朴婉约，置身其中宛若来到"世外桃源"，伴随着青山绿水与琅琅书声的静谧、祥和，让人流连忘返。"桃李园"的种植正值2012年——被誉为百年商专开启"世纪元年"的春天，桃李盛开、花红柳绿、欣欣向荣的景象喻示着百年福商春天的到来。"桃李园"坐落在福建商专贵安新校区内，这里曾是"闽浙孔道"，是闽人进京赶考求取功名的必经之路；这里曾经是"朱熹理学"孕育之地，是当年朱熹为避难并在此结庐讲学培养"桃李"的地方；这里远离喧嚣的城市，是桃李鲜妍、生机盎然之地，是适合莘莘学子在此努力研读、认真学习的一方净土；这里是渗透着文化精神的"诗意栖居地"，喻示着美好、宁静、和谐，是广大师生学习、生活的精神家园。

二、"投我以桃，报之以李"——"桃李园"之于百年福商的"历史"意味

"冰雪林中著此身，不同桃李混芳尘。忽然一夜清香发，散作乾坤万里香。"早在人类文明诞生之前，在沧海桑田的大地上，美丽的"桃李"就点缀着渺渺时空，甘甜美味的桃李，滋养着先民们的精气神，孕育着文明的因子，汇聚成文化的海洋。桃木，细密坚硬、气味清香，是吉祥之木；桃花，艳丽妖娆、清香柔媚，常有美好之喻；桃子，香甜可口、营养丰富，被誉为长寿之果。"桃"为夸父族的图腾，《山海经》中"夸父逐日"的故事记载了夸父渴死前将手中的杖用力抛出，杖落的地方化出"桃树林"。桃成为生命之果、神仙之果，成为延续生命的神秘符码。在民间传说中，王母娘娘的寿诞要在瑶池举行蟠桃盛会，宴请各路神仙共品蟠桃，便可得道成仙、长生不老、与天地齐寿、与日月同庚，桃也就成了长寿的象征，为此寿星总是手捧"仙桃"寓意着长寿吉祥。《太平御览》云："桃者，五木之精也，古压伏邪气者，此仙木也。"《本草纲目》中对"桃李"的药用价值皆有论述。《封神榜》里姜子牙用桃木剑降妖兴周，可谓家喻户晓。每逢春节，人们把对联刻在桃木上以祈吉祥，于是就有了王安石"千门万户瞳瞳日，总把新桃换旧符"的名句。桃花盛开于三月，花色艳丽展示的是娇艳柔媚的形象，唐代诗人崔护欣赏时发出"去年今日此门中，人面桃花相映红。人

面不知何处去，桃花依旧笑春风"之感叹，"人面桃花"一词及其故事也闻名后世，增添了桃花的诗意浪漫色彩。

桃李是馈赠之物，《诗经·大雅》曰"投我以桃，报之以李"，比喻友好往来或互相馈赠，后也用来表达"学生报答师恩"之意。百年福商，在"非以役人、乃役于人""我为人人、人人为我"的办学宗旨的指引下，一代代、一批批热爱教育、敢为人先、尽职尽责的名师培养了众多"桃李"。学校肇创之师黄乃裳用矢志不渝、赤诚爱国、甘于奉献的精神培养"桃李满门"；帝师陈宝琛作为福建官立商业学堂的第一任监督，秉持"培人才，广教育"的理念，开创了福建现代高等教育的先河，培养学生三百余人，可谓"桃李成荫"。教育名家严叔夏担任国学课教师，教授新文学；福建首席翻译倪耿光担任教务长，熟悉古代汉语和现代文学并精通英语；革命志士卢懋榘任经济学教师，广泛传播马克思主义，创办《反帝新闻》支持抗日斗争；高级注册会计师徐启明、徐昌晋等担任会计学、审计学、货币学等课程教师，致力于实业发展，"桃李之教"保证了教学质量，也为百年商专培育出杰出人才奠定了根基。正是这些一代代教师群体"投我以桃"的孜孜不倦、恪尽职守的教诲，学校培养了一批批具有坚韧品格"报之以李"的学子人才。

三、"桃李芬芳，春华秋实"——"桃李园"之于百年福商的"人文"意蕴

桃李的春华秋实，亦犹学生之成长、人才之培养。人们多把"桃李"并用比喻栽培的后辈和所教的门生。《资治通鉴》载：狄仁杰尝荐姚元崇等数十人，率为名臣。或谓狄仁杰曰："天下桃李，悉在公门矣。"后人常用"桃李芬芳""桃李门墙""桃李春风""桃李满门""桃李成荫"来赞美老师培育了众多的学生。用桃李指代学生，在古籍中也有很多记载，如唐朝刘禹锡《宣上人远寄和礼部王侍郎放榜后诗因而继和》诗："一日声名遍天下，满城桃李属春官。"唐朝白居易《奉和令公绿野堂种花》诗："令公桃李满天下，何用堂前更种花。""桃李"一词典出《韩诗外传》："夫春树桃李，夏得阴其下，秋得食其实。"这里记载了一段故事。战国时期，子质因罪而向北逃亡，遇到简主并说："大堂上有半数的士人是我栽培的，朝廷上有半数的大夫是我栽培的，边境的戍边军官有半数也是我栽培的。可是我曾经栽培的人要么说我的坏话，要么落井下石，所以我再也不栽培人才了。"简主说："你错了。如果春天种的是桃树、李树，夏天就可以在树荫下乘凉，秋天就可以采食它们的果实。但如果春天种的是蒺藜，夏天不但不能采它的叶子，到秋天还会长出刺来。从种树来看，问题出在你所栽培的人身上。所以，君子要先有选择，然后再栽培他们。"后来人们就把"桃李"用来比喻老师所培养的优秀人才，久而久之"桃李"也就成为学生的代称。

百年福商，"桃李之教"，在爱国爱民精神和西方办学新理念的影响下，历

代历届商校毕业的学生或通过实践锻炼或通过继续深造，纷纷成为国家的栋梁，校友中涌现出数以百计的专家、学者、革命志士、实业家等：其中有中科院院士、世界著名鸟类学家、地理学家、动物学家郑作新，被授予"国际特殊科学贡献奖""保护野生动物终身荣誉"；有中科院院士、中国动物学家、厦门大学教授唐仲璋成为中国寄生虫学的奠基人之一；有中央人民政府政务院文化教育委员会参事、中山大学教授何希齐为中国文化事业的努力与奉献；有中共地下党员高力夫为革命事业的毕生奉献……百年福商培养十万学子，他们传承和弘扬了"善观时变、顺势有为、恋祖爱乡、回馈桑梓"闽商精神，敢于拼搏、勇立潮头，成为事业的佼佼者，可谓"桃李满园，春华秋实"，让百年商专"桃李"之声誉远播。我们相信，在"桃李园"的"诗意栖居地"上我们将培养更多的"桃李"，让百年商专的"桃李园"成为"精神栖居地"，并将所承载的人文意蕴与时代"桃李"精神代代相传、发扬光大。

二十八、健身广场

张雄伟　摄

强身健体

◎黄跃舟

追"中国梦",建"新福商"。循自然生态,辟健身广场,旨在搭运动平台,构休闲场所,传体育文化,播公益精神,铸强壮体魄,促全民健身。

强身健体 张敏莉

青年康健,关乎国之未来。全民身强,关乎民之福祉。健康系人生之本,健康乃强国之基。健则心悦,健则业顺,健则家和,健则康宁,健则国兴。

祈健身绽放激情并体验快乐;盼健身结缘文艺并贻养学业;愿健身遍及校园并伴随人生!

寄情健身广场　弘扬体育文化

◎江典在

关注生命，珍爱生命，是人类永恒的主题；回馈生命，完善生命，是人类发展的终极目标；追寻生命的意义，实现生命的价值，是人类社会繁荣昌盛的不竭动力。而体育，正是锻造健全肢体、强健体魄、完美人格的通达路径，文明其精神、野蛮其体魄深刻诠释其内意。福建商专始终坚持传承文明、追求真理，实现文化育人，在健身广场建设中，注重载体文化"打造"，融入"以人为本、求真求实""外塑形象、内强素质""幸福教育、大爱精神"的文化内涵，在广场布局上通过锻炼实体器械与蕴涵文化神韵的石刻相互融合，对置身其中锻炼的大学人进行"润物细无声"的熏陶，领悟生命在于运动的理念，让师生用生命不息、运动不止的理念创造更美好更灿烂的未来。

一、体育：以愉悦的方式唤起生命体验

著名哲学家席勒说："只有当人充分是人的时候，他才游戏；只有当人游戏的时候，他才完全是人。"追根溯源，体育最早是以游戏的形式出现的，是由于诸多根植于草根的文化逐渐演化而来的，从人的生命角度上看，体育无论是在其源头还是心理抑或是现实体验上都是一项愉悦身心的活动，若非如此，则不可能为人类所延续。

健身广场坐落于绿树成荫的自然环境中，走入广场首先映入眼帘的是"文明其精神　野蛮其体魄"的隽永石刻，让我们以放松、闲适、愉悦的心态步入健身广场中，犹如到户外进行一次远足。

法国思想家伏尔泰曾提出"生命在于运动"，每次驻足健身广场，抚摸石刻大师的文字，总让人心潮澎湃，这句话最真切地表达了人类的生命诉求。体育最为独特之处在于把人类作为自然界的、非理性的存在，如生命的欲望、好奇、想象、情感、冲动等原始情绪，以竞争的形式，在用特定的规则约束下通过速度、力量进行表达。"文明其精神，野蛮其体魄"或许是运动之于生命意义的最佳诠释。运动，其外在形式是身体的舞动，内在实质是生命机能的展示，是对人类身体各个器官的充分动员，释放器官潜能，激发器官活力，并以此达到生命的守护，激发出自身生命的狂欢。

二、体育：以肢体的灵动强健生命力量

"发展体育运动，增强人民体质"是新中国成立来，发展体育事业一贯坚持的基本准则，体育运动是防治现代文明病的有效手段，运动是将人的身心均衡地

结合起来，培养健康生活方式并展示积极精神风貌的手段；运动是肢体的舞蹈，是生命灵性的挥发，是生命力量的展示，运动对人的意义是多么之大。在健身广场中的椭圆漫步机、连环跳架、上肢牵引器等器械合理布局于广场中，使置身其中的学子易用、乐用、善用。"德、智、体、美、劳"五字教育方针在传达着不仅要求物质文明、精神文明的发展，而且要求人的全面发展和素质的全面提高；不仅要求提高人们的思想素质、科学文化素质、道德素质、文化素质，而且要求提高人们的身体素质。而身体素质是基础，引导学生积极参加体育活动，培养和造就体魄强健的高素质人才。通过运动促进人体生长发育，培养健美体态，提高机体工作能力，消除疲劳，调节情感，防治疾病。爱好运动的人做事通常都会满怀希望，因为运动能够点燃激情，而激情能够点燃梦想，而梦想更能点燃希望。运动可以让人直达生命的真实，显示生命的状态和天性，可以想象：一个处于饥饿病危状态之人，一定鲜有健壮而灵动的肢体活动；一个处于饥寒交迫边缘的民族，一定难有持久性的体育竞技狂欢。所以，捍卫身体的强健贵在于运动。

三、体育：以体验的效应挥洒生命快乐

体育，以体验的效应完善生命。运动体验对生命完善具有至关重要的作用，诚如生命哲学家伏尔泰所言，"人不是单纯的认知主体，而是完整的人，是知、情、意、行的统一体，每个生命都有不同于他人的自我经验，生命即是自我经验的形成，体验是人意识到自己存在的基本方法，体验是对他人存在加以理解的基础。"运动是生命情感最直接的体验，通过平行天梯、健身车、爬绳等器械组合，或急骤或舒缓，或激情或理智，或力量或轻柔，充分展现生命最自然的状态。运动体验不仅仅是一种个体体验，通过协作完成项目，培养良好的合作精神和竞争意识，"团结友爱""同一个梦想"等石刻，阐述着合作的内涵实质，增进交流、相互信任，通过个体的所得有助于团体提升，个人所为能促进团体目标的实现。在运动中体验团队成员相互促进关系，强化成员之间相互支持和相互信赖，稳定每个角色的地位，发展协同与合作精神。竞争与合作相对立，但在体育运动中也是相统一的，竞争是体育运动的主要特征之一，这种竞争是对自己运动能力的挑战，对协同的促进，同时告诉我们，必须讲究良好的体育道德，遵守公认的竞赛规则，从中领悟运动体验更是一种生命与生命之间的对话。无论是闲庭信步于广场中，还是飞驰于健身车，抑或是攀爬于爬绳，形式多样、内容丰富，主体在运动中体验着生活的乐趣、激情、挑战、约束和超越，感受着人与自然的和谐，肆意挥洒着生命的热情，这些运动激情体验可以塑造健全的人格，培养良好的心理品质，修习良好的人文素质，在运动的快乐中不知不觉中实现主体精神的转变和生命品行的提升。

二十九、太极广场

张雄伟 摄

汲古来新

◎ 黄跃舟

泱泱中华，熠熠文化。太极八卦，博大精深。太极者，万物所从一而出之"众妙之门"，乃宇宙演化之终极本源；八卦者，自然所示人眼前之"乾坤坎离巽震艮兑"（天、地、雷、风、水、火、山、泽）八大卦象，乃万物构成之符号象征。

太极八卦，含千变之象，类万物之情；蕴宇宙繁衍之奥妙，释万物化育之玄机。古云：太古之气混沌，是为太极，太极生两仪，两仪生四象，四象生八卦，八卦化万物。道法自然混沌开，阴阳相携万物来。又云：道生一，一生二，二生三，三生万物。天地人三才，精气神三宝；天道有阴阳，地道有刚柔，人道有仁义。

汲古来新　吴晓刚

社会嬗递，薪火相传；厚德载物，自强不息；大学文化，传承创新；寻本溯源，以通其变。故晓义知理，将能致益社会；辩证推理，亦可造福人类。我辈迈进新时代，奋发追寻中国梦；弘扬乾坤之正气，壮我中华之崛起。

太极文化展新韵　百年名黉尽风华

◎ 杨晓颖

经学家孔颖达疏："太极谓天地未分之前，元气混而为一，即是太初、太一也。" 太，即大；极，指尽头，极点。物极则变，变则化，所以变化之源是太极。太极文化历来是中华文化重要的组成部分之一，流淌于中国人千百年的血脉传承中。漫步在福建商业高等专科学校的太极广场上，徜徉于"汲古来新"长廊中，时刻感受着被称为"中华第一图"的"太极八卦图"的浓厚哲学与人文意境，品味着四周一组组精美"汉画"与"石阵"承载着的千年文化底蕴，接受着百年福商自强不息精神的洗礼，无疑是一场灵魂深处的饕餮盛宴。

一、在"阴阳调和"中品味中华文化

正如习近平总书记所说的，"中华文化崇尚和谐，中国'和'文化源远流长，蕴涵着天人合一的宇宙观、协和万邦的国际观、和而不同的社会观、人心和善的道德观"。而对中华"和"文化的解读，无出太极图其右者。太极图又称阴阳鱼图，由两个黑白分明、均衡对称且交感合抱的鱼形纹组成，两条鱼的内边天衣无缝，两条鱼的外边共同构成一个"和谐"的正圆，体现了天人合一、阴阳和谐、平等共存、生生不息的太极精神。

1. 自然存在之法则——对立统一

中国古代哲学家在认知世界的过程中，观察到宇宙间的万事万物均包含着既相互斗争又相互依存的二元，如天地、日月、昼夜、寒暑、祸福、雌雄等，从而引入了阴和阳的概念。阴阳揭示了万物均可用正、反的两个元素来概括，即哲学中最基本的两个元素——矛、盾，从而构成了太极哲学的核心。太极图看似简单，却揭示了对立统一规律这一永恒真理。白鱼为阳，黑鱼为阴，然而阴阳间并非绝对对立，黑鱼中有白眼，白鱼中有黑眼，意蕴着阴中有阳、阳中有阴。黑白两鱼间柔曲流畅的分界线则昭示着对立的阴阳两极无时不有的变化与无处不在的交合，两者相生相克、相互依存，以取得矛盾统一的平衡关系，共容于一体之中。正所谓"福兮祸所伏，祸兮福所倚"，如果用太极文化来解读太极广场的石刻汉画"慎行致福"的话，福祸便是阴阳，三只"无脚"的雄鸡对脚尖而立，巧妙地表现了祸福相依以及其之间的转化、平衡关系，进而阐述了幸福如履薄冰，想要获得务必慎言慎行的道理。

2. 万物育化之玄机——阴阳和谐

《易经》云："易有太极，始生两仪，两仪生四象，四象生八卦。"太极通常指宇宙最原始的秩序状态，出现于阴阳未分的混沌时期（无极）之后，而后化生阴阳两仪，进而形成万物的本源。从太极广场两侧生动直观的石刻图示中，可以领略到鸿蒙初开之时，从无极而太极，以致万物化生的精妙过程。天人合一、阴阳和谐历来是古代先哲所追求的至高境界，从"家和万事兴"到"治大国若烹小鲜"，唯有阴阳合德、刚柔有体才能化育万物。正如石刻汉画"涵养化育"中所展示的青年男女分别象征了阴和阳，手中怀抱着或手牵着的鸡、鸭、羊等家畜、家禽象征了自然的馈赠，"涵养化育"表达了人们对自然和生育的崇拜，寄寓了汉代人对世间万物阴阳和谐、繁衍生命、生生不息的不懈追求。

3. 天地乾坤之正气——自强不息

《史记·周本纪》中记载：文王被殷帝纣囚禁在羑里七年，在狱中潜心研究易学八卦，推演出《易经》中的六十四卦。其中第一卦便是"乾卦"："天行健，君子以自强不息"。如果说对立统一的阴和阳象征着古人对客观世界的认知和理解，阴阳和谐代表了古人对客观规律的探索与追求，而自强不息则是对人应如何更好地发挥主观能动性来认知并改造世界这一哲学问题的最好回答。天（自然）的运行苍劲有力，人也应顺应天时、刚毅自强、力求进步，引申至今，就是人应当为了远大的理想和目标而奋力追求。汉画"自强不息"生动描绘了古代劳动人民在田地里辛勤耕作的情景，唯有顺应四季的变化，为之付出辛勤的汗水和劳动，才能收获大自然馈赠的五谷，这便是中华民族"自强不息"精神的一个最朴实无华的缩影。这种积极向上、坚韧奋发、革故鼎新的精神追求，始终蕴含在中华民族的文化基因中，构成了中华民族历经磨难而始终不屈不挠、傲然挺立的力量源泉。回首福商百年风雨飘摇，从黄公乃裳的艰苦肇校、"青商"的颠沛流离、"高商"的抗日救国、"市商"的辗转办学，再到福商的顺利升格。尽管时代背景不同，但"自强"始终作为校训之一贯穿百年，是推动福商事业不断向前发展的强大精神力量。它告诫福商学子唯有志存高远，并为之持之以恒，不懈努力，方能不断突破自我，成就辉煌。

二、在"动静结合"中知味美学真谛

西方的美学里，以真为美，追求最高的真理，是美的最高理想，这与中华文化和中华美学是大异其趣的。中华文化的总体特点可用一个字来概括，那就是"和"。"太极"在动静结合里体现了包容大气、古典和谐与刚柔并济之美，成为中华美学、中华文化最鲜明的表征。因而，中华美学也可以称为"太极美学"。

1. 太极之美首在包容并存

太极乃无极而生，阴阳之母，包涵"天地、父母、夫妻、男女""吉凶祸福、生老病死"等诸般"大业"，包容宇宙自然万物。在太极图中，黑白阴阳共处于一个圆圈之中，大小相等、平等对称，或生或灭、相生相克，揭示了和而不同、包容共存的道理，故而太极之美，首要是包容大气之美。回首人类引以自豪的四大文明古国，唯有中华文化硕果仅存、延续至今，最主要的就在于它有"海纳百川"的精神情怀，善于包容异己，兼收并进，不断成长为更加优秀的文化。观太极广场，一幅"湖海襟怀"的石刻顿时跃入眼帘，石刻背面刻画的是大大小小的鱼儿徜徉于茫茫大海的影像，既是对太极包容之美的最好注解，也是对百年福商的"有容乃大"的最好印证。我校是由"福州私立青年会商业职业学校"（"青商"）、福建省立高级商业职业学校（"高商"）和福州市立初级商业职业学校（"市商"）"三商"合并而来。正是这福商办学史上浓墨重彩的一笔，我校得以汇"三商"英才、融"三商"文化、聚"三商"优势，为1984年升格为高等专科院校和将来顺利升本奠定下了坚实的基础。

2. 太极之美重在动静结合

中华美学首重意境，"太极图"中的阴阳两鱼似在一个大圆中永恒地旋转，但旋转中又保持一种宁静，动中有静、动静结合，这是一种典型的中和之美、和谐之美。"太极图"的中和之美，不是偶然的，而是深深植根于中华文化之中，是中华先人艺术和美的理想的体现。而观太极广场，除了领略到"太极图"的和谐之美外，广场后方栽种的百株枫树，在微风的吹拂下恣意摆动，将动静和谐之美发挥得淋漓尽致，更能让往来者们体验到忘我、无物的逍遥境界。

3. 太极之美贵在刚柔并济

古语云："过刚易折，善柔者不败"，太极拳是"太极"思维与武术、艺术、引导术、中医等的完美结合，"刚柔并济"是其核心理念。事实上，小到修身养性、齐家交友，大到文化传承、治国理政、邦交抚远，处处都体现着刚柔并济之美。正如习近平总书记在韩国首尔大学的演讲中指出的"如果说政治、经济、安全合作是推动国家关系发展的刚力，那么人文交流则是民众加强感情、沟通心灵的柔力。只有使两种力量交汇融通，才能更好推动各国以诚相待、相即相容"。太极广场上，石刻的刚劲与汉画的柔美和谐共生，把五千年华夏文明隐埋于时空隧道中的太极思想精髓，瞬间定格、永恒凝固在圣堂里。

三、在"中正仁义"中体味处事智慧

北宋理学家周敦颐认为，太极是天地人物之根，也是天地人物之准。阴阳为天之道，刚柔为地之道，仁义为人之道。中正仁义是圣人遵照天地之道创制出来的，是人有别于万物及禽兽的最高标准，故称其为"人极"。

1. 为人立世之准绳——中正仁义

中华文化向来注重崇仁尚义，孔子选择"不义而富且贵，于我如浮云"，孟子追求"舍生取义，杀身成仁"。五千年绵延不绝的中华文明，有"人生自古谁无死，留取丹心照汗青"的历史敬畏，也有"为天下人谋永福也"的理想情怀。正是修身齐家治国平天下的"精神道统"，孕育出中华儿女穷不失义、达不离道的价值取向，己达达人、兼善天下的行为方式。太极广场内镌刻着的"人道仁义"以及"无欲则刚"的印章，正是对"中正仁义"的有力诠释。尤其是广场中"无欲则刚"的汉画中展示了八位手持盾牌的战士在巍然的峭壁下操练，天上配以日月星辰，增加画面的饱满度。"盾牌"与"峭壁"象征了坚韧与刚强，表达了只有做到没有世俗的欲望，才能达到大义凛然的境界。纵观历代福商先贤，不乏秉持"中正仁义"者：民主革命家黄乃裳为发展福建的教育事业四处奔走筹集建校资金；以"声远"学术研究会成员为骨干，以中共党员为核心的"高商"学子们，投身革命，追求真理，广泛开展民主运动和地下革命；以卢懋榘、陈锦娟为代表的广大校友们决心改变中华民族积贫积弱的命运，积极投身爱国运动，为全中国的解放事业赴汤蹈火，甚至不惜身先士卒、舍生取义；以林恩慈、林章凯为代表的学子们毅然放弃平静安逸的生活，踊跃报名参军，奔赴建设国防第一线和抗美援朝的战场。"中正仁义"这一源自"太极"的崇高道德观念影响了一代又一代的福商人，成为了福商精神的内核，是福商弥足珍贵的精神财富。

2. 修身治国之根基——厚德载物

厚德载物，语出《易经》的"坤卦"："地势坤，君子以厚德载物"。梁启超先生在题为《论君子》的演讲中，从君子待人接物之道对厚德载物进行了解读，可谓鞭辟入里："坤象言君子接物，度量宽厚犹大地之博，无所不载，君子责己甚厚，责人甚轻"。一个有道德的人，应效法"大地"，应当像大地那样宽广厚实，像大地那样载育万物和生长万物，以厚德宽容待人。正如汉画"厚德载物"中展示的那样，大地苍茫广阔，无论是行人、耕牛或是花草均居其上，正是有了大地的承载包容，才有了世间万物的生生不息，从而共同构成这样一幅看似简单，却含义隽永的壮丽景象。而从梁启超先生一生致力于开民智、促革新，为救国图存四处奔走，"鞠躬尽瘁死而后已"的行为中，我们或许可以品味出"厚德载物"更深层次的内涵。只有怀着"达则兼济天下"的远大理想，"穷则独善其身"时的厚积薄发才有其存在的意义。五千年绵延不绝的中华文明，正是在"修身齐家治国平天下""为天地立心，为生民立命，为往圣继绝学，为万世开太平"的理想信念激励下，才涌现出无数己达达人、兼善天下的圣人楷模。

3. 行为处世之智慧——内方外圆

《论语》云："仁者可谓方也矣"，古人把"内外相应，言行相称"的人称作"方者"。《淮南子·主术训》书："智欲圆而行欲方"，方为做人之本，圆为处世之道。所谓"内方外圆"，就是一内一外，一阴一阳，"内方"即内心刚正不阿，不失正气、骨气和品德，但不外示于人，"外圆"则是处事的方法，圆是圆通之意，并非圆滑，寓意待人接物圆转自如、长袖善舞。"内方外圆"蕴含着中华文明五千年来的生存智慧，太极拳显然是对这一思想的最好诠释。太极拳动作轻灵圆活，起落、旋转、运化皆从圆形中来，但却内含劲力，只有勤修内功，才能做到内刚外柔，刚柔相济、阴阳并用、生生不息，达到"四两拨千斤"的最高境界。作为身处物欲横流、思想多元、世相纷呈、人心浮躁的当今世界的中国人，特别是青年人，如何既坚守道德底线不动摇，"出淤泥而不染"，又能及时反省总结，适时调整转变，从而推动我们共同的事业向前发展，相信古人"内方外圆"的处世哲学会带给我们更多启发和答案。

太极文化博大精深，意蕴久远，它与其他同样优秀的传统文化一道，共同为中华民族创造出一片独特的精神家园，给予中华民族战胜困难挫折的无穷智慧和无尽力量。正如电视政论片《百年潮·中国梦》中所说的："五千多年的华夏文明创造了博大精深的中华文化，中华文化积淀着最深沉的精神追求和独特的精神标志，成为中华民族生生不息、永固发展的丰厚滋养。"品味太极，从五千多年积淀的华夏文明中汲取营养，方能不断增强我们的文化自信，坚定我们的理想信念，涵养我们共同的精神家园，凝聚力量，同心协力，在实现中国梦的伟大实践中创造自己的精彩人生。

三十、五福广场

张雄伟　摄

梅开五福

◎ 黄跃舟

依校区之形，取自然之材，五石相伴，妙化自然。篆刻大师镌五"福"于其上，篆法各异，刀痕遒劲；福韵悠悠，蔚为奇观。

"五福"者，源出《尚书·洪范》：长寿、富贵、康宁、好德、善终。"长寿"乃命不夭折且福寿绵长；"富贵"乃生活富足且地位尊贵；"康宁"乃身体健康且心灵安宁；"好德"乃生性仁善且宽厚宁静；"善终"乃心无挂碍且安详离世。"五福"喻满足，更含和谐意。一福镇乾坤，五福荫庶黎。

福乃文化，福谓民生。福含亘古心愿，福蕴家国生机。叹我华夏民族，古来多少期许，福愿绵延不断，福义深厚精辟。而今大道齐天逢盛世，泱泱神州福如海，福佑中华再福举，幸福中国震寰宇！

梅开五福 徐 贺

从"梅开五福"到"造福五洲"

◎陈红梅

五福广场是我校贵安校区的一处文化景观，占地3 000平方米，建成于2014年，位于福商路旁运动功能区，周边为健身广场和篮球场。采用隔景手法，用写有福文化对联的五福大门分隔为前后两部分，广场前部按"金木水火土"五行之序陈列着由我省篆刻大师叶林心先生篆刻的福石，福石上篆刻有包含清康熙帝御笔"天下第一福"在内的五个不同字体的"福"字，以及篆有象征长寿、富贵、康宁、好德、善终等五福的中国印和相对应的中华传统吉祥图案。广场正中间是楹联福门。五福广场的中轴线为一个挂有楹联和五个"福"字艺术作品的福门，楹联上联为"一帆风顺年年好"，下联为"万事如意步步高"，横批"梅开五福"，点明广场艺术主题。而对联左右各有两个倒挂的红色"福"字，横批上方则有一个正挂的"福"字，五个"福"字恰好对应"梅开五福"主题，可谓匠心独运。广场后部则种有四百余株由我校两百多位女教师和合作企业网龙公司爱心捐赠的梅花。广场前后三部分层次清晰，结构合理，相映成景，又与远方青翠的群山相互呼应，使人们置身于自然与文化的双重美感享受之中。

一、福铸苑中

五福广场的艺术创作，借助多样的艺术形式，丰富的艺术内容和真挚的艺术情感，将福文化铸满苑中，也表达了对广大商专师生人生顺利美满的无限祝福。

1. 形：大师巧雕琢，动静生光华

五福广场的艺术创作，吸纳了福石、楹联和吉祥图案等传统文化元素，采用篆刻、剪纸等传统艺术形式对福文化进行了全面的刻画。广场前部的福石，采用了篆刻的艺术手法，叶林心大师功力深厚，将五个"福"字和与长寿、富贵、康宁、好德、善终这五福相对应的蝙蝠、蟠桃、凤凰等中华传统吉祥图案篆刻于福石之上，表达了对人生幸福的无限祝愿。广场中轴的楹联福门，采用了类似中国传统剪纸艺术中的镂空手法，从五个福字中间的空隙间可以看到广场后部的梅花林，使用了虚实结合的手法。光华流转间，静止的福门和蓬勃生长的梅花动静相宜，实乃一番美景。一份有形的艺术作品，能否选用恰当的色调也是主题思想能否得以明确表现的关键。五福广场以中国红为主色调，鲜艳的红"福"字、红对联、红色梅花，醒目、热烈、红火，寓意福建商专事业蒸蒸日上、蓬勃发展。

2. 言：五行生福气，五福铸苑中

艺术作品，在优美的艺术形式之上，更必须言之有物。五福广场的艺术创作，就借助篆刻剪纸等艺术手法，表达了"五行生福气，五福铸苑中"的内容。五行学说是我国朴素唯物主义物质观的杰出产物，俗话说，五行通天地，八卦定乾坤。"福"字恰好体现了五行调和，万物生生不息，阴阳平衡的古典中国哲学。"福"字可分解为"示"字旁（属金）、"一"（属土）、"口"（属木）、"田"（属火），而"福"字本身属水。"福"字起于金止于水，五行金生水，此乃五行流通、生生不息，因而福文化能够蓬勃发展，代代相传。而正如其名，五福广场表达最重要的内容则是"五福"思想。"五福"这个名词，原出于《书经》和《洪范》。五福的第一福是"长寿"，第二福是"富贵"，第三福是"康宁"，第四福是"好德"，第五福是"善终"。"长寿"是命不夭折且福寿绵长；"富贵"是钱财富足而且地位尊贵；"康宁"是身体健康而且心灵安宁；"好德"是生性仁善而且宽厚宁静；"善终"是能预先知道自己的死期，临命终时，没有遭到横祸，身体没有病痛，心里没有挂碍和烦恼，安详而且自在地离开人间。五福广场借助五块福石和挂有五个"福"字的楹联福门等形式，既宣传了"五福"思想，更是对广大商专师生人生顺利美满的无限祝福。

3. 情：真情出佳作，巧思出凡尘

艺术情感是艺术家在艺术创作过程中产生的作为艺术创作动力和表现对象的态度和体验，被视为创作的灵魂。中国的传统福文化，千百年来，从人们表达对自己和亲人美好祝愿的载体，演化为包罗万象的祈愿文化符号，饱含着超脱功利的历史文化思想底蕴，是艺术作品的常见表达对象和优秀艺术情感的源泉。而五福广场的建立，其中福石、五福梅花、楹联和吉祥图案的构造，都体现了深刻的艺术情感。就以福石上所书"天下第一福"为例，该"福"字是康熙祖母孝庄太皇太后60岁身患重病时康熙为其祈福所书，笔法遒劲有力，字体瘦长，因而被谐音称为"长寿福"，孝庄得此"福"字，不久即痊愈，75岁高龄方才离世。此"福"字既是身为"天下第一人"皇帝所书，又集天下之大成，在一个福字中包含了多、子、才、寿、田五大吉祥元素，更有延年益寿之功能，因而被后世誉为"天下第一福"。"天下第一福"脱胎于康熙祈望祖母健康长寿的功利思想，但由于其饱含真情实感，并将中国文化的优秀代表——福文化和中国艺术的优秀代表——书法有机结合，并在前人的基础上有所超越，思想和情感融合为一，密不可分，这才拥有了浓烈的艺术情感，创造出了为后世赞颂传扬的优秀艺术作品。

二、福绽梅中

五福广场在艺术创作之余，也很好地融入了自然和人文元素。我校通过认捐

的形式在园中广植梅花，行善祈福，并在每年新年开展对联节活动，既让福气绽放在梅花林中，也借梅花的飘香让福气传遍花园，更传遍校园。

1. 福孕梅中

在中国传统文化中，梅花时常和"福"相结合。因为梅花多为五瓣，恰和五福对应，故有"梅开五福"之说。更进一步的，梅花还体现了吃亏是福、谦让是福、淡定是福的人生大智慧。梅花总是在寒冬开放，从不和百花争春，体现了一种谦让的美德和与世无争的淡定。梅花生长于寒冬腊月，环境恶劣，可以说在生长过程中吃了不少亏，但其独树一帜，甘于在寒冬绽放，反而赢得了更多的关注，历代文人墨客无不赞颂梅花傲霜斗雪，坚贞不屈的品格；梅花谦让，把春天留给了百花争奇斗艳，却得到了"俏也不争春，只把春来报"的美誉；梅花淡定，面对"千里冰封，万里雪飘"的寒冬，依然平静地绽开花瓣，平静地散发芬芳，得到"遥知不是雪，为有暗香来"的赞颂。梅花把争春的机会让给了百花，淡定地在冬日修炼品性，却香远益清，厚积薄发，虽大雪纷飞不能没其形，虽凋零成泥不能掩其香，恰符合古人"淡泊明志，宁静致远"的修身养性精神，更给寒冬中的人们以期望，成为国人心中"穷且益坚，不坠青云之志"的象征，这种艰难困苦，玉汝于成的品性也恰与我校自强不息的校训相符。我校建设五福广场，广植梅花，就是要借梅花精神号召全校师生自强不息，为祖国的建设贡献力量，也宣扬了吃亏是福、谦让是福、淡定是福的"福绽梅中"的智慧。

2. 福满园中

俗话说，大家好，才是真的好。具体到福文化上，人人有福，福满天下，方是真正的幸福。因此，让更多的人接触到福，分享福，才能使福的效用最大化。五福广场在设计的过程中，充分考虑了这一思想，做到了"福满园中"。首先，是福满花园。五福广场的设计中，前部有福石，中轴有福联，后部广植福梅，整个广场都充满了福文化的元素和气息，可谓"福满园中"。其次，更重要的是福满校园，五福广场在建设的过程中采用了认捐梅花的形式，古有"梅开五福"之说，梅花承载着福气，在五福广场周边加种梅花，便能实现"五福盛开"之景。而学校福隆、家庭福康、人生福顺，也是在校师生的美好心愿。此次校女工委借梅祈福，通过倡议开展"认捐梅花，共享五福"活动，既是捐赠之善举，又让广大师生共享了此举所带来的福气，将福气传遍校园四周，可谓"福满园中"。

3. 福溢校中

五福广场每年新年期间将举办全校师生共写对联的对联节活动。对联是中华民族的文化瑰宝，发源于五代后蜀，至今已有千余年的悠久历史。对联言简意深，对仗工整，平仄协调，字数相同，结构相同，是中文语言的独特的艺术形式。新年期间所写的对联即春联，多为新春祈福之用，通过代表喜庆的红纸和包含祝福的词句，祈求来年和顺平安，五福临门。对联中也常出现"福"字，如"迎春迎喜迎富贵，接财接福接平安""鸿运当头迎百福，吉星高照纳千祥"等。对联和福文化密不可分，全校师生共写对联，既能丰富精神文化生活，又能在校园间宣传福文化，更能通过师生的广泛参与，将新年的喜气和对联的福气溢满校园。

三、福沁心中

作为中国传统文化的精髓之一，福文化可谓生生不息，蓬勃发展，时至今日，已然集国人万千美好心愿之大成，饱含着国人的精神寄托。而处在福山福地福州城的福建商专，历史悠久，闽商文化积淀浓厚。建设五福广场，有助于延长我校百年之福，弘扬闽商福文化，将我校的历史文化和福文化的美好心愿有机结合，让福气沁满人心。

1. 延长百年之福

福建商专源于闽籍民主革命家黄乃裳于1906年创办的青年学会书院，同时我校的办学渊源还可以追溯至清光绪三十二年（1906年）由末代帝师陈宝琛创办的福建官立商业学校的办学先河，已经历了百年的风雨洗礼，有"百年名校，闽商摇篮"之称。我校能历经百年风霜而逐渐壮大，可谓有百年之福，我校曾培养出中科院院士郑作新、唐仲璋等著名校友，他们为福建乃至新中国的建设和发展作出了不可磨灭的贡献，可谓功在当代，造福百年。建设五福广场，不仅为我校新校区增添了一处靓丽别致的文化景观，也是对我校百年历史的纪念，以期延长百年之福，并鼓励商专师生向前辈们学习，继续建功立业，造福万民。

2. 厚积闽商之福

作为一所地处福建的商科学校，我校深深地承载了敢拼会赢、造福桑梓的闽商精神。"弘扬闽商精神，继承闽商文化"是百年商专矢志不移的办学理念。闽商文化强调创造财富后无论身在何处，都要造福桑梓，回馈家乡，这无疑和福文化中的富贵、好德等品质相契合。如果说在学校弘扬闽商精神是针对学生个体的话，那么在校园营造闽商文化则是锻造一个群体、一个"闽商"的群体。在构建和谐社会，实现福建科学发展、跨越发展的过程中，闽商文化无疑是凝聚海内外福建商人的"磁石"。应该承认，不论出于何种目的的外出打拼或创业，福建商人的故园情、游子心从未泯灭。正是基于这种感情基础，学校大力打造具有商专特色校园闽商文化建设，引领学生毕业后从一般商人向"现代闽商"转变，并汇聚成一只不断壮大的闽商群体，这是我校的办学之基、力量之源。而建设五福广场，正可以弘扬闽商特有的敢拼会赢、造福桑梓的福文化精神，对担负我校培育商科人才，塑造现代闽商的历史使命也有所助益。

3. 深蕴素养之福

福文化之所以广为流传，含义不断深化，除了其有着祈愿的基本作用之外，还在于其能教化人民提升素养。此次我校建设五福广场，也有着延长素养之福的含义。

首先，福文化能倡导知感恩，懂珍惜的风气。高校是教书育人的机构，它不仅能教育学校里的学生，更能通过积极向社会发声，教育社会公众，倡导积极向上的社会风气。如今，一个福字代表了国人对自己、对亲人的万千祝愿。平安是福，健康是福，开心也是福，而想要这些福分长久，关键就在于知感恩，懂珍惜。《易经·丰》中有言："日中则昃，月满则亏"，而《老子》中也曾教育人们"祸兮福所倚，福兮祸所伏"，这告诉了我们祸福相依，事物发展到一定程度，就会向相反的方向转化的道理。高校应通过积极宣传，使社会公众进一步理解福文化的深刻内涵，使社会公众不被人心无限的欲望所左右，不被浮躁的风气所干扰，知感恩，懂珍惜，做到饮水思源，知道眼下自己的物质享受是先人的不断创造的成果，更做到推己及人，设身处地为他人的幸福着想。唯有如此，自己的福分才能长长久久，他人也能享受到福分，从而创造一个和谐安定的社会氛围。

其次，福文化能指导高校培养出品德高尚，能回报社会的人才。唯有注重品德修养，严以律己，自觉提升道德素质，才能得到他人、社会的认同，从而得到富贵；而恪守气节，不做亏心事，才能获得内心的康宁。生活富足，内心宁静，品德高尚，则有助于获得个人的长寿与善终。我校是一所商科类高职院校，以培养商科类专门人才为目标。在我国经济社会不断发展，人民生活水平不断提高的当下，正是这类专门人才大展拳脚报效祖国的机遇期。我校毕业生大多从事经济、管理相关工作，秉持自己的职业操守，应成为其最重要的人生准则之一。因此，我校学生应当以福文化为指导，注重"好德"，树立正确理想自觉提升个人道德修养，做有益于社会的事，才能将个人价值与社会价值有机统一，既为国家、社会贡献自己的正能量，也收获幸福美满的人生。

四、从梅开五福到造福五洲

走过五福广场，从生机勃勃的梅花林到大气磅礴的福石，五福广场传递的是一种包含长寿、富贵、康宁、好德、善终的人生幸福境界的梅开五福的祝愿。如今，在举国上下正走在为实现中国梦，实现中华民族伟大复兴不懈奋斗的康庄大道上，党中央更是放眼全球，提出了和谐世界的广阔理想。当今世界的主题依然是和平与发展，而一个与邻为善、和平崛起的中国正是和谐世界的巨大推动力。世界是国家的总和，而国家则由千千万万的个人所构成。个人的力量或许渺小，但只要人人团结一心，奋勇向前，改变中国，进而改变世界，造福五洲便指日可待。因此，身处高校，无论是承载教书育人任务的教育工作者，还是努力学习科学文化知识、即将投身社会建设的莘莘学子，都应当有着"达者兼济天下"的精神，超越梅开五福的历史含义，赋予其更高的时代意义，从个人的小幸福，向国家乃至世界人民的总体幸福不断迈进，尽每个人最大的努力造福五洲。活在当下，我们必须坚守个人气节与道德，树立傲雪凌霜、坚忍不拔的梅花精神，更必须带着这种精神投入社会的建设中。站得正，方能行得端，唯有如此，方能既能获得社会的认同，收获自己的小幸福，更能造福五洲，为中国梦的早日实现和中华民族的伟大复兴添砖加瓦，为天下大同的和谐世界美好理想贡献自己的力量。

三十一、书香广场

张雄伟 摄

书香氤氲

◎黄跃舟

贵安郁藻，集秀聚英。书香广场新葳，校园品味俱兴。

广场名曰书香，寓意既深且广。稽史溯源，贵安古之驿道，闽峤重镇，文化厚重；堪舆察形，潘渡依山傍水，风光秀丽，足畅胸襟。松榕交荫如七星，地势参差似北斗；堤坝群雕立，中外硕彦聚；敖江牛溪风水汇，求学求知古今融。所谓："浙闽孔道登龙路，北斗七星栖凤台。"洵非虚喻。

书香氤氲 郑书丹

百年福商，栉风沐雨。传文化，继薪火。如水似流兮，不舍昼夜；时不我待兮，何分年轮。腹有诗书气自华，纵横捭阖夯根基；最是书香能致远，桃李不言自成蹊；学府书声琅，榕荫鸟语柔；人生三境界，践履两相宜。如斯可蹈。

雅蕴广场　书香为伴

◎林文艺

　　大学是涵养心智与灵魂的特定文化氛围和环境，是由多种不同元素集合而成的独特文化现象。福建商专历经百年发展，形成了丰富的文化内涵和意义。近年来，我们突出"文化创意"的打造，以突显当代福商文化与众不同的文化素质和丰富多样的文化内涵，形成较具特色的校园文化空间和人文景观。在这样的时代背景下，书香广场应运而生。书香广场名曰书香，寓意既深且广。书香文化来源于博大精深的华夏文明，植根于中国文人文化传统的清逸、优雅。福建商专新校区地处具有深厚历史书香文化之地贵安。整个书香广场依山傍水，风光秀丽，包含了形如"七星北斗"的古榕群、中外教育家雕塑群以及"望月台"等经典景观。以下从四个方面来谈谈书香之于广场的创意和深意。

一、厚重书香，彰显历史积淀

　　百年商专的潘渡新校区位于敖江与牛溪的交汇处，是古代福建人进京赶考的必经之路。据史书记载："夫潘渡虽在光临一里，而北达福宁，以迄杭郡，实为闽浙孔道。"古人云：过潘渡、翻北岭，可达福州；过潘渡、往北走，可抵罗源，直通浙江，远达京都，于是省城士人学子、来往商贾络绎不绝。可见这里有史以来就是闽人北上求取功名必经之路，可谓"闽浙孔道登龙路，七星北斗栖凤台"。学校九大文化景观之一的书香广场就位于此风景宜人、历史悠久、积淀深厚之宝地。该广场亦叫"书香公园"，公园内呈"北斗七星"状分布排列的七棵郁郁苍苍的古榕树，联想到当年理学宗师朱熹在贵安结庐讲学、修养、传道，古往今来从这里走出了众多仕子名人，的确寓意深厚。

　　而福建商专从实业家黄乃裳创办的"福州青年会书院"、帝师陈宝琛创办的全国首个"福建官立商业学堂"一路走来，历经百年春秋，为社会培养了数十万各类商贸管理应用人才，涌现出一代又一代社会精英（其中既有中科院院士郑作新、唐仲璋这样的专家院士，也有卢懋榘、高立夫这样的革命志士，更有众多的实业家、企业家），因此被誉为长盛不衰的孕育济济人才的"闽商摇篮"。书香广场深厚的历史文化底蕴与薪火相传的百年商专交相辉映，凸显了百年商专丰厚的历史积淀与人文深厚积累。

　　整个书香广场的设计巧妙地利用厚重的自然地形条件，既突出闽商文化的传承，即将"明义理""崇道德""重实践""讲文明"等传统理学融入到广场的建设中，又将中国传统的耕读传家、庠序之学、书院教育、乡评里选、学校升贡、应科举试、释褐状元等古人求学之路与现代商专学子求知之道相结合，以充分体现闽商文化与闽教积淀的厚重。从这个意义上看，书香广场亦记忆了历史，传承百年商专之精神："历史凝炼精神，沧桑铸就传统。"百年来书香文化一直引领着一代代商专学子不断前行，通过打造书香广场，承载历史愈久弥香的沉淀，通过建设书香文化让商专人踏着前人的足迹继续奋斗前行，通过品味书香文化实现大学文化传承创新的历史使命。

二、中外融合，展示文化内涵

"堤坝群雕立，中外硕彦聚……求学求知古今融。"书香广场的堤坝上有古今中外六十位教育家的两组浮雕群，展示了书香文化的丰厚内涵与境界，展现了融合中外先进的教育思想与教育理念，使百年商专校史中的传统与精神在新时期发扬光大，并形成具有鲜明商专文化特质、品格、价值的品牌和软实力。百年商专自开埠创建以来，就注重传统文化中"经世致用"思想的传导。陈宝琛提倡"学问经济自有本原，理非空谈，功无速化"，立身处事要以"有耻"为质，读书、做学问要以"有用为程"；黄乃裳先生曾亲自任教讲学，着力培养实用人才，为福建商业教育发展起到很大促进作用；美国著名哲学家、教育家杜威在青年会书院讲演多达6场，他注重"道德过程和教育过程统一"，极力倡导的科学、民主精神与新文化运动时期中国进步知识分子的追求高度一致，受到当时学生及民众的热爱；著名文学家郁达夫在青年会书院多次演讲，其中题为《中国新文学的展望》的演讲呼吁民族英雄的爱国主义精神，吹响了抗日救亡的号角。可见福建商专在开埠创办之初就十分注重文化的互动，不仅秉承了传统文化"学以致用"的思想，而且做到中西结合、中外贯通，使商科学生在受到传统文化濡染的同时也受到西方文化的熏陶，正可谓"求学求知融古今中外"。

书香商专在百年办学历程中，既继承了中华民族的优秀传统文化，又汲取了西方文化的精华，还发扬了中国共产党倡导的革命文化，同时传导了"闽商"所特有的福建地域文化，可谓是四种文化互相交融，形成浓厚的文化氛围。因此，通过设计制作中外教育家雕塑，践履中外教育家所倡导的教育精神、理念和实践，在中外融合之中展示薪火传承的百年商专的文化内涵，以更好地熏陶、涵养与教育商专学子。

三、七星北斗，凸显商专样式

"松榕交荫如七星，地势参差似北斗"，书香广场内七棵葱茏青翠的古榕树如"北斗七星"状分布，凸显了多种素养、内涵并重的商专样式。商专百年的办学一以贯之注重文化积累和传承凝聚而成"铸造做人之'品'，培育做事之'行'"的品行教育，强调在培育学生方面人文素养和实干精神并重，强化生存能力，提升人格境界，"讲究做人，学会做事"，具备大爱感恩、明德诚信、包容友善、吃苦敬业、团结合作、敢拼会赢、严谨创新七种素养。这七种素养促进商专学子德才兼备、全面发展的各种要素，涵盖了课堂、社会实践、工学结合、校园文化等全方位的载体，不仅有必修选修的第一课堂，而且有福商文化专题讲座、艺术欣赏、名著导读、高雅文化进校园等第二课堂，更将素质教育贯穿了专业教育始终，在专业课程和实践课程中充分挖掘其对学生素质养成的潜移默化作用等多种形式与渠道。

因此，现代商专如七星北斗似的有方向性"打响"特色文化，即着力拓展书香文化、闽商文化素养教育和内涵建设的路径，使其成为百年商专独树一帜、别具一格的校园文化载体。独特的书香文化地理环境滋养了特色文化。学校通过实施"闽商文化素养工程"，以大爱感恩、明德诚信、包容友善、吃苦敬业、团结合作、敢拼会赢、严谨创新的福商理念为核心，闽商职业素养为重点，培养具有"闽商文化素养、品格素养、职业素养、素质拓展、行为规范"实用型人才；通过坚持将大学文化与人才培养紧密结合，把素质教育融入到校园文化建设中，完善福商素养教育工程以培养高素质的"闽商"人才。

书香文化广场不仅展示了百年商专历史文化的追求与文明积淀，更展现了一代代商专人对校园文化不懈追求与探索。商专百年来的文化，渐次形成了"中西合璧、文明开放"的文化起点，"学以致用、知行合一"的文化基点，"爱国主义、无私奉献"的文化支点，"自强不息、自力更生"的文化动力，"明德诚信、恭敬勤敏"的文化基石，"以人为本、求真求实"的文化基础，"品行教育、历史自觉"的文化源泉，"外塑形象、内强素质"的文化支撑，"幸福教育、大爱精神"的文化内力，书香广场将现代大学理念与深厚的传统文化传承与创新相结合以突显知识的魅力，因此而形成百年商专之合力及百年商专科学发展的美好蓝图的最终实现。

四、台上望月，升华读书境界

"望月台"是书香广场内另一个寓意深刻的文化景观。书籍是人类的精神食粮，自古以来，读书人都把书视为自己生命的全部。然而读书是要有一种境界的，心情浮躁的人，是读不下书的；想发财的人，也是读不下书的；喜欢急功近利的人，读书则是做样子。真正的读书人，是以自己全部的身心，从一本本书的字里行间，找到与自己心灵共鸣的所在，最终达到一种只有自己才能够体会得到的精神的升华。这就如清朝萧抡《读书有所见作》所写的那样："一日不读书，胸臆无佳想，一月不读书，耳目失清爽。"因此，书并不是人人都可以读的，并非人人皆可以达到很高的境界。

有学者认为孔子关于学习论述有三境界：第一境界是"知之"；第二境界是"好之"；第三境界是"乐之"。有文人把读书三境界归纳成：为知、为己、为人三境。而清人张潮《幽梦影》对人生读书的三喻最令人玩味："少年读书如隙中窥月；中年读书如庭中望月；老年读书如台上观月，皆以阅历之浅深为所得之浅深耳。"作为一个学生，会在强烈的求知欲下泡在书店里流连忘返，这是他能达到的读书境界。而一位老人，会在冬日温煦阳光的照耀下，坐在椅子上静静地阅读有如他一生记录的书籍，他会因此感受到人生的幸福和满足，这是他生命之端的一种读书境界。"望月台"隐喻人在不同年龄的不同阶段，不同人生的不同经历，都会有不同的读书境界，尤其是鼓励商专学子重视读书，"阅读厚重了，不仅开阔了自己视野，厚重了自己的人生，更提升了自己的精神高度和人文修养"。

"望月台"中央矗立着叶林心大师篆刻的读书三境界的石刻印章，展现了百年来商专学子在书香文化的引领下踏着前人的足迹继续奋斗前行，既继承了先辈的优秀传统文化，又汲取了传统文化的精华，传导了"闽商"所特有的福建地域文化，使书香特色文化将百年商专的专业特色文化与素养教育相结合形成浓厚的文化氛围，使广大商专学子在书香文化的滋养熏陶中辨明是非，善于思考和分析，胸怀大志，热爱生活，升华了的读书境界，成长为全面发展的新一代"商专人"。

总之，以书香文化为载体的百年商专在不同时代的校园建设都努力打造"满园春色"的育人环境，如今贵安新校区更显现出桃李争妍、书香满园、四处芳菲的良好育人氛围。百年商专通过建设"书香广场"以传导"最是书香能致远，桃李不言自成蹊；学府书声琅，榕荫鸟语柔；人生三境界，践履两相宜"的书香文化；展现了传承创新，寻本溯源、以通其变的文化理念，不仅在环境上创造了"满园春色"的美丽校园及幸福教育的家园，更为我们进一步传导文化理念、弘扬提升教育精神奠定了良好基础。

三十二、时令广场

张雄伟 摄

不违时令

◎ 黄跃舟

题记

心湖之滨，桃李园侧；嘉卉瑞木，周遭点缀；潘溪清流，逶迤而过。立钟楼以报时，置器计以测温。课余暇时，游者迎朝阳而晨练，送晚霞而长吟；抚岸柳以观澜，临楼槛而听风。花朝月夕，师生长椅上对弈融融，护栏外书声朗朗；可休憩可娱乐，既旷心又怡神。快哉！乐哉！

不违时令　林　洁

漫步广场，春赏桃红李艳，夏享榕荫蔽日，秋抱果实累珠，冬观梅蕊绽放。感四季之轮回，惜时光之珍贵，体自然之恩惠，悟和谐之至理。悠哉！游哉！

体悟自然　不违时令

◎ 出燕鹏

"时令"者，最为简洁的阐释为以"时"为"令"，即以"日"为"令"、以"月"为"令"。正是时令的驱策，在这片广袤的土地上才有了这番草木荣枯，春华秋实。中华民族依此劳作、休憩、进食，已逾数千年。因为地理位置所致，中华大地拥有世界上四季最为分明的气候，这也意味着中国大部分地区的人对时间有着更丰富而具体的感知。正是在时令流转之中，诞生了节庆民俗，亦催生了文人笔下无数诗歌与绘画。时令背后潜藏的正是一整套春耕夏种的劳动秩序以及一方独特的文化艺术世界乃至哲学天地。

一、时之律：领略四季更替的自然节律

在古代，最早有关时令记载的古籍之一《礼记·月令》中，还未形成今天所说的"二十四节气"，但古人已经按照时令记录一整套天文历法、自然物候、物理时空的变化。《礼记·月令》依据春夏秋冬四时变化、日月星辰运行和生物活动，安排国家的政治秩序和百姓的生活秩序，构筑了社会与自然和谐共处的理想模式。古人在尊重、爱护自然的同时，也善于利用自然。在"草木萌动"季节，天子"躬耕帝籍""命布农事"，教导民众"善相丘陵山林，五谷所殖"。人类一切的生活来源都依靠自然，所以对人类而言要善于利用自然的天时地利，也就是要把握自然的规律，从而达到天时地利人和，否则必流年不利。如在孟春月，行夏令，就会雨水不适时，草木凋落，邦国恐慌；行秋令，就会民众生疫病，狂风暴雨骤至，杂草丛生；行冬令，就会积水为患，雪霜大降，谷物不能生根发芽。孟子曰："不违农时，谷不可胜食也。"（《孟子·梁惠王上》）其认为，对自然的过度攫取会物极必反，违反自然规律，就会破坏自然从而导致政不通、人不和。

古时人类的农事活动应该依照自然界的规律，顺应天地的化育进程，这就意味着不要违背自然规律，也不要取代自然界的化育进程，干费力不讨好的事情。《易经》中就有提出，人的活动应该"与天地合其德，与日月合其名，与四时合其序"，这就是要求人们的农事活动符合天地生养、昼夜更替、四季代序的规律，使农事活动过程尽可能与自然规律相符合，以达到提高农事活动效益的目的。顺应自然的技术首先体现在我国传统的农业领域。耕作有耕作之道，就是要协调好天、地、人三者的关系，也就是大儒荀子所说："农夫朴力而寡能，则上不失天时，下不失地利，中得人和，则百事不废。"

农业生活不仅培育了家园感、故乡情，而且最易引发对自然环境的亲和感，人们对不变的土地、树木、山川河流与周而复始变化的四时寒暑、日月运行由逐渐认识了解而感到熟悉亲切。中国较早的经典之一《诗经》中的许多诗篇表现了人类跟随自然的节奏而生活的过程和情趣，人们在自己的生活中体验到与生活的自然界有不可名状的息息相通之处，由此积淀为人与自然和谐冥契的统一心理。

二、时之韵：体会时不我待的人生韵味

时令不仅是自然的节奏，也是生命的节奏。人们按照时令节气行事，即是人体自身规律与自然界的相互应和，生命的张弛之道亦在于此。"时令把人放入这个有序流动的世界，并依日月之令而行。"时间的巨轮一刻不停地向前，"无可奈何花落去""人生长恨水长东"——我们能够留住些什么呢？

人生，无法停驻，无法退逆！这是一个不断减短的单向旅程，通向最终的永恒。人生在一分一秒稍纵即逝，我们没有感觉，无动于衷。日积月累，一年的流逝，回想起来足以让人不寒而栗！人生几度春秋？匆匆又一寒暑！怎能不慨叹"人生苦短，去日苦多？""明日复明日，明日何其多。我生待明日，万事皆蹉跎。"正是因为缺乏忧患意识，我们常常将事情推到明日去做，日复一日，结果一事无成。所以说，我们必须明确，人生是一段有终点的旅途，如果我们希望抵达终点时，可以无憾，那么就必须尽自己最大可能地走好脚下的每一步。

时间总会在不知不觉间流逝，所以，人生总有很多事在你不经意间成为永久的遗憾。我们无法增加生命的长度，但是我们可以善用时间来提高生命的密度，这样，才能提高人生的质量，扩充我们有限的生命内涵。善用时间，进行有效的时间管理，实际上，就是为我们的人生增加更多的机会。从这个意义上来说，善用时间，就是善待生命。

雄鹰是天空的霸者，好不威风，但这是它从雏儿的时候，时刻在悬崖峭壁上练习飞翔之术而换来的；猎豹是草原上的猎食者，其本领之高即使雄狮也要畏之三分，但这是它从小就修行捕猎之道的成就；海豚是大海里的精灵，其舞姿之美是水中生物之最，但这是它长期为大自然表演的结果……天地万物皆有灵性，各有各的特色，然而这些都是它们从诞生之初就开始修行得来的，珍惜时光，没有虚度一刻，这是自然给我们的智慧。"一万年太久，只争朝夕"，人生短短几十年，不应该在幻想的世界里虚度，要争取活得有意义和有价值，活得精彩。

"三更灯火五更鸡，正是男儿读书时。黑发不知勤学早，白首方悔读书迟。"闲为乐，叹夜长多梦，勤当先，惜日短少眠。时间上安着延长生命的开关。让青春的电源，一直点亮旅程的灯盏。追赶光阴，斩断悔怨的缠绵。"时不我待，只争朝夕"，人的一生能有几个明日，若不想虚度今生，那就行动起来，去学习那榕树里早出晚归的候鸟。

三、时之意：感悟润物无声的教育意境

古诗有云："好雨知时节，当春乃发生。随风潜入夜，润物细无声。"诗中描述了春雨来临，在苍茫的夜晚，随风而至，悄无声息，滋润万物，无意讨"好"，唯求奉献。"润物无声"，这便是教育的最高境界：似雪落春泥，悄然入土，孕育和滋润着生命；虽无声，却多姿多彩；虽无声，却有滋有味；虽无声，却如歌如乐，如诗如画。

轻描淡写的一句鼓励，看似简单的一个爱抚，富有深情的一个眼神，不露痕迹的一个暗示，都会给学子留下刻骨铭心的记忆，产生极大的影响。通过一个眼神、一次手势、一份表情、一声语调，向学生传达着各种正确的观点、情感和立场；广大学生在这绵绵"春雨"里健康成长，也是最具成效的。

当今社会需要"润物无声"的教育，这不仅仅是一种向往，一种境界，更是一种规律，一种原则，一种方法，一种技巧。我们不能人为地去创造规律，我们应该顺应这个规律，坚持这项原则，使用这种方法，掌握这种技巧。佛语曾云：大音稀声，大象无形。"润物无声"的教育，宛如纷纷扬扬的雪，丝丝缕缕的雨，融进了地里，滋润了禾苗，却不见其痕，不闻其声，受益的却是禾苗！教育是心灵与心灵的融合，是灵魂与灵魂的对话，是智慧与智慧的碰撞，是生命与生命的互动。任何一种教育现象，学生在其中越是感受不到教育者的意图，它的教育效果也就越大。成功的教育应让学生在不知不觉中获取真知，学会做人。"润物细无声""身教胜言教"的教导方式，才是最为刻骨铭心的。

经历几千年农耕文明的中华民族，在其农业生产过程中特别强调"不违农时"，顺应自然生态节气、动植物生长的规律，规定了具体的和合生态保护的措施与办法。人们在长期的生产生活实践中总结出了自然规律，效法这些自然规律并且把这些自然规律作为"礼"而传承，即"民法之而为礼也"。现建"时令广场"以告诫广大莘莘学子"人生天地之间，若白驹过隙，忽然而已""盛年不重来，一日难再晨。及时当勉励，岁月不待人""莫等闲，白了少年头，空悲切"；警示广大教育工作者应因势利导、因材施教，"教无定法，学无定法"，一切也都在变化中。要动之以情，晓之以理，做到身体力行，言传身教。

三十三、心 湖

张雄伟 摄

心湖摇曳

◎黄跃舟

心湖者，心念所系、人工天成之湖也。心瓣两合，曼妙无极。沁润百品，涵养万类。

心湖摇曳 郑祥清

闽浙驿路兴，济济人杰；马道林木茂，郁郁地灵。众流奔壑，踵水生辉：浩浩敖江水、汤汤牛溪水、潺潺潘溪水、浙浙天上水、汩汩地下水。掬五水，汇一湖；蔚吾校，毓精英。

心乃人之本，精神所蕴；水为五行首，上善若水。万物唯心为大，心海无疆；一湖独擅众美，广施教泽。湖透神韵，湖增灵气，湖竞风流，湖生氤氲。湖之美曰静，静和能容；湖之神唯清，清澈可鉴。清漪涤浮尘兮，濯我赤子心；善下之以不争兮，彰大爱而无垠！

一脉"心湖"涤岁月　百年学府耀春秋

◎ 蔡雅红

百年学府福建商专，2011年首批学生入驻新校区，在贵安开启新的"世纪元年"。新校区自然条件得天独厚，依山环湖，风景秀丽，建筑精美。在美丽的校园里，镶嵌着灵动的心湖。湖是大学的眼睛。心湖曼妙轻灵、柔情款款，是商专校园一道亮丽的风景线。心湖因其形状似心瓣两合，故而得名，其丰富而独特的人文积淀，更带给商专无尽的灵气和独特的美。

一、涤心境：撷天地之灵秀

中国人读书讲究环境和意趣。杜甫诗作《寄彭州高三十五使君适、虢州岑二十七长史参三十韵》描述了诗人向往的读书环境："岂异神仙宅，俱兼山水乡，竹斋烧药灶，花屿读书床。"于山水兼具之地，花竹丛林之间，花香清新，无人来扰，悠然自读，是一种惬意。"问道兰亭，曲水流觞"，在天气晴朗、惠风和畅的初春，以山林幽谷为景，溪流清澈婉转，饮酒赋诗，亦是一种雅趣。亲水而游、临水而居是古人的向往，而读书的地方更是要山清水秀、人杰地灵。福建商专心湖背倚秀丽山色，面临桃李园、时令广场、福商广场、学生活动中心，佳妙景致错落其间，绿意盎然、优雅宁静，为读书治学理想之地。

1. 美湖：心旷神怡

心湖是美的，美得让人心驰神往，流连忘返。她虽没有北大未名湖之典雅端庄，无厦大芙蓉湖之浪漫多情，但也有着小家碧玉"清水出芙蓉，天然去雕饰"之淳朴野趣，别有一番景致。她远衬如卧如眠的苍翠群山，近靠满目葱郁的丘坡，形似双心相印，水面宽广，碧波荡漾。湖中范蠡垂钓石雕妙趣横生，与湖色相映成辉，大有"垂钓坐磐石，水清心亦闲"之悠然自得。湖周围树木葱茏，环岸垂柳随风拂动，浅绿的柳叶映衬着深绿的湖水，与纯净的阳光遥相呼应，共同绘成一幅"山水相依、天人合一"的风景画。

漫步湖边，远处山色空濛，脚下青石小道，眼前水面渺渺。习习微风拂过，水面上泛起波光粼粼；柳条轻摇，荡起阵阵涟漪；花草清香缕缕扑来，给人清新、舒适、心旷神怡之感。好山好水之间培养出来的学子自然会染上几分山水自然之灵气。商专人在这里扬帆远航，漫步艺术殿堂，遨游知识海洋。

2. 静湖：心平气和

溪流之美在于跳跃，湖泊之美则在于宁静。心湖是静的，静而包容。她安然地卧于校园之中，一顷平波如镜，起伏的地势与湖岸交接形成流畅线条，将心湖勾勒成心之形状。湖中水草摇曳，绿藻漂浮，湖畔杨柳依依，曲径通幽，更显心湖之淡泊宁静。心湖是清的，清以致远。澄澈的湖水，通透亮丽。岸边的教学楼、专业实训楼、综合实训楼、图书馆、学生活动中心等建筑群，各具特色又自成一体，建筑的影子映入粼粼的湖水，与湖光山色交相辉映，更显心湖之平远宁静。

"学问深时意气平。"庄子云："平者，水停之盛也。其可以为法也，内保之而外不荡也。德者，成和之修也。德不形者，物不能离也。"宁静而清澈的心湖使人获得平静心绪，而真正做到学问深时，就需要如心湖的止水澄波。湖光山色，心平气和，睿智通达，是商专学子认真学习的一方净土。

3. 文湖：心领意会

湖是有灵性的风景，环境的改变会让其变得美丽，而文化的沉淀则使其更添意蕴。商专心湖撷天地之灵秀，更汇校园文化之精华。环绕心湖，形成桃李园、理念印语园、太极广场、时令广场、福商广场等优美的人文景观，是中国传统的桃李文化、篆刻文化、阴阳五行文化、时令文化、商业文化、商专历史文化等的一次雅聚，更是商专校园文化的一次汇展，为商专镌刻一枚文化之印。

心湖是商专校园的核心地带，商专学子在这诗情画意的环境里，每天上演着青春飞扬、丰富多彩的校园生活。在此可以静静感受微风细雨、清水绿草，也可慢慢享受人文哲学的无限情怀，同时受到自然的风景和浓厚的人文气息的浸润。试想，在这湖边学习、成长的学子怎能不受到文化的熏陶进而成为这个文化的栋梁呢？

二、澄心怀：展文化之风韵

校园文化对人的成长具有深刻而持久的影响作用，是一所大学深厚文化底蕴的综合体现。湖的文化是大学文化的缩影。大学里的湖，除了它本身所固有的美丽之外，更多的已经凝结为一种文化意义上的象征，蕴含着丰富的文化内涵，沉默表达了一个学校的价值和品位。

1. 历史韵味：源头活水

"水是人类文明的一面镜子。"人类文明的发祥地大多在河海之滨。早在三千年前的周王朝，中国人就已认识到做学问的地方，周边须有碧水环绕。《礼记·王制》："大学在郊，天子曰辟雍，诸侯曰泮宫。"当时的中央学校叫"国学"，又被称之为"辟雍"，即为四面环水（圆形）如玉璧之意。诸侯国的"泮宫"，则仅有三面环水（半圆环）。古代的学校门前大多是有水的，仿佛只有这一泓清流，才能激起智慧的涟漪。心湖寄托着传统书院文化的延续。

"问渠哪得清如许？为有源头活水来。"心湖地处具有深厚历史的书香文化之地贵安，藏风得水，朱熹曾在此结庐讲学；此地更是"浙闽孔道"，为古代闽人进京赶考求取功名的必由之路。在这人杰地灵的地方，心湖见证着商专校园的历史变迁和发展，同时也在继续镌刻着商专的历史。商专前行的每一步将映照在这一泓湖水之中，为后来者留下清晰的记忆线索，并引发商专人更深厚的认同感、自豪感和荣誉感。

2. 文化品位：上善若水

《道德经》云："上善若水，水利万物而不争，处众人之所恶，故几于道。居善地，心善渊，与善仁，言善信，正善治，事善能，动善时。夫唯不争，故无尤。"水的意境简单朴实却寓意深广。水之善，使人是非分明；水之善，使人灵活机动；水之善，使人矢志不移；水之善，使人胸襟宽广。上善若水，由源远流长的文化根基，潜移默化形成中国人的高尚品德与处世修养。

心湖汇集浩浩敖江水、汤汤牛溪水、潺潺潘溪水、淅淅天上水、汩汩地下水，一脉活水终年流淌不息，浸透着"上善若水"的人文精神，同时也契合商专学子来自五湖四海的文化特征。通过心湖，使莘莘学子漫步在点点水滴、涓涓细流的善性里，重温着先贤的谆谆教诲，体悟着其中蕴含的平凡智慧与博大精深，习水之善，行人之道，似水包容，如水坚韧。

3. 精神家园：智者乐水

登高使人心旷，临流使人意远。在美丽的湖光掠影中，古今无数的文人墨客漫步、静坐，泛舟湖上，找寻文化创作的灵感；中外多少先哲贤达散步、凝神，遐思酝酿，激起思想碰撞的火花：波光涌动的洞庭湖，吸引着无数词人驻步停留，为宋词写下千古绝唱；浓淡相宜的西湖，成为文人学士顿悟哲理、释放自我的桃花源；太湖的闲暇时光里，钱穆先生探寻着宇宙人生之奇秘；未名湖畔的小道中，宗白华先生诗意地漫步、美学地思考；瓦尔登湖湖畔小筑，梭罗完成了精神上的蜕变，成就了影响世界的《瓦尔登湖》；英国西北部的湖区，孕育了浪漫的"湖畔诗人"，留下了清新活泼的诗歌……

子曰："知者乐水，仁者乐山。知者动，仁者静。知者乐，仁者寿。""智者达于事理而周流无滞，有似于水，故乐水。"水所具有的灵动与活跃之特征，正是智慧、快乐的智者的精神写照。通过心湖，为莘莘学子在喧嚣的尘世中开辟出一块沉思的园地，乐山的仁者、乐水的智者想必能够忘情于山水之间，与大师对话，探讨社会、思考人生，找寻到自己的精神家园。

三、启心智：显教育之本真

在中国传统的阴阳五行理论中，大自然由"金木水火土"五种要素构成，五行相生相克，其中水主智。数千年前，我们的祖先就已在自觉与不自觉之间，意识到了灵动的水与启迪智慧之间的微妙关系。通过心湖，引导商专人欣赏、领略水所蕴涵的审美情趣、道德情操和价值观念，从"上善若水"中感悟中华传统文化之精髓，启迪心智，学会做人、做事、处世之学问。步入心湖，浮躁的心渐渐沉静，凝神静思，这里只有风声、水声、读书声。

1. 风声：自由创新

"风乍起，吹皱一池春水。"苒苒的时光随着清风在心湖的微波里荡漾。漫步心湖，春风和煦中，商专人感悟到水的智慧：灵动飘逸，生机无限。水无常态，因时而变、随形而存，热而化气，冷而结冰，遇圆为圆，逢方则方，以势而发，灵活变通，迸发勃勃的生机。

心湖之水，濡染了百年商专信守的精神品格：自由创新。百年商专始终坚持"思想自由、学术创新"的大学之道，不断整合校内外资源，推进教育教学改革，积极营造"独立思考、自由探索、勇于创新"的良好氛围，构建"教育创新、科研创造、服务创业"的实践平台，让师生在创新创造的环境中自由求知，幸福成长。以心湖为依托，激励商专人如水之灵活多变，培养创新精神，增强创新能力，用自由的思想来创新、创造、创业。

2. 水声：大爱感恩

清澈水流孕育蓬勃生命，潺潺水声承载历史的记忆。漫步心湖，水漾清波中，商专人体悟到水的胸襟：包容万物，无私奉献。水是生命之源，大地青山因水的涵育而富有灵秀；人间万物因水的滋养而丰盈亮丽。"海纳百川，有容乃大"，水具有很强之包容性，不择大小，不避贫富，奉献自己，滋润万物，不图回报。

心湖之水，浸润了百年商专坚守的人文精神：大爱感恩。百年商专如水之兼容并蓄、柔韧守秩。在长期的办学中，坚守"有教无类""因材施教"的教育主张，从学生多元、多层次的发展需求出发，尊重学生个性成长，探索思想品德、专业知识、实践能力、人文素养融合的教育教学模式，以广博的胸怀、美好的品行欢迎来自五湖四海的学子。以心湖为依托，激励商专人传承"恭、宽、信、敏、惠"等良好品德，牢记祖国、人民培育之恩，长辈、老师教导之情，时刻不忘回报祖国、回报社会、回报曾经帮助过自己的人。

3. 读书声：勤敏自强

"最是书香能致远"，湖畔书声让心灵在文字与青山绿水中得到洗涤，也给心湖增添了几许灵动与诗意。漫步心湖，琅琅书声中，商专人领悟到水的坚韧：目标专一，不懈追求。水信念执着，追求不懈，东流入海，年复一年，日复一日，历经百转千回，仍然目标专一，从不停歇。水"天下之至柔，驰骋天下之至坚"，体现着力量和勇敢。从点点滴滴，到汪洋大海，从涓涓细流，到排山倒海，积攒力量，厚积薄发。

心湖之水，涵养了百年商专恪守的文化核心：勤敏自强。勤敏自强是商专创新积累、超越自我的文化根基，更是商专可持续发展的动力之源和核心竞争力。百年商专始终以"自强不息"的精神凝聚人心，恪守"明德诚信、勤敏自强"的校训，弘扬"知行合一"的校风与"不二过""不持有""历史自觉"等理念，艰苦创业、勤俭办学，历经风雨，不断发展壮大。以心湖为依托，激励商专人薪火相传，以"勤敏自强"精神熔铸品格、砥砺意志，培养坚忍刚毅、奋发有为、不避艰险的品质，不断深厚个人的道德修养，成为"博学笃志、知行合一、全面发展"的人。

涓涓细流，润物无声。心湖这一泓碧波，可以清心境、澄心怀、启心智，让福建商专这所百年学府蓬勃着生命的朝气，灵动着创造的神奇，更飘逸着诗意的美丽。

三十四、青春广场

张雄伟 摄

青春飞扬

◎ 黄跃舟

　　青春者，青葱碧绿，春草凝晖。苍穹渺然广阔，华年呈其豁达；青春人生，煌如旭日，勇如烈驹；鹤翩翩而凌空，林芃芃而长青。人生津渡，风起云涌，梦想引航，飞越激流。万水千山，难挡沛然浩气；艰难险阻，更添凌云壮志。精神似弓弩，理想如箭簇；信念熔而赤心炼，热血沸而行动成。人生无悔，青春万岁！

　　盛世筑场，校园增辉。枕七星之书香，抚闽浙之孔道，伴古榕长思，载学子放飞。衔觞击节，引颈欢歌；休闲漫舞，影视大观；文化展演，社团竞彩；日染朝霞，人约黄昏；尔歌尔乐，且憩且游！

青春飞扬 李新萍

文化解读

在飞扬的青春中奏响美的旋律

◎ 应永胜

广场文化是指在城乡各类广场中展现出来的文化现象及其呈现出的文化。广场文化包含两个层面的内涵，一个层面是指广场建筑自身所蕴含的文化，如具有浓郁的地域特点和文化品位的广场建筑、雕塑以及相关配套设施；另一层面则是指广场文艺活动所呈现出的文化，如在广场上开展的各类专业或业余的艺术性表演或展示，广场中群体性强的各种娱乐、体育等休闲活动等。广场文化的载体就是各种含有文化与审美意味的艺术性活动。

福建商专青春广场是重要的室外教育和活动场所，有别于一般的校园外部活动空间或是普通的活动广场，它凝结着校园的文化和历史，是学校物质文明建设和精神文明建设的集中地与示范地。青春广场文化即青春广场所呈现的文化现象以及在广场中展示出来的文化，它是福商校园文化的重要组成部分，是学校文化形态的主要表现之一，是学校物质文明和精神文明的结晶。有效开发利用青春广场文化，不仅可以创新高校德育工作的方法和手段，还能充分发挥其美育功能，以进一步强化对学生的培养和教育。

一、青春广场的文化特性

①以人为本——目标的明确性。青春广场在开展社会主义核心价值体系教育的实践过程中发挥着积极的作用，它既承载着校园文化建设的重要任务，又是学校开展社会主义核心价值体系教育的重要载体。党的十八大报告指出："建设社会主义文化强国，关键是增强全民族文化创造活力。要深化文化体制改革，解放和发展文化生产力，发扬学术民主、艺术民主，为人民提供广阔文化舞台，让一切文化创造源泉充分涌流，开创全民族文化创造活力持续迸发、社会文化生活更加丰富多彩、人民基本文化权益得到更好保障、人民思想道德素质和科学文化素质全面提高、中华文化国际影响力不断增强的新局面。"高校作为人类文化传递、发展与创新的重要基地，担负着培育青年人才的重要任务，这种特殊使命决定了青春广场文化的目标有着明确指向，就是以师生群众文化为基础，以学科专业文化为指导，以师生为主体，以满足师生的精神生活和知识需求为目的，为把学生培育成才而营造良好的文化氛围。这是青春广场文化建设的根本点和归宿。

②营造氛围——功能的时代性。高校作为知识分子的聚集地，是先进思想观念、科学技术、价值体系的发祥地，前沿科学技术和文化成果首先在这里得以传

播。当下，政治、经济、科学和文化的发展对人才的基本素质，特别是文化素质提出了更高的要求，而有着环境熏陶审美功能的校园广场文化，在文化素质教育方面有着天然的优势，是展示特定时代高校师生精神风貌的重要途径。青春广场文化可以营造一种文明、健康、高品位的文化氛围和精神氛围，同时通过知识性的文化艺术活动，向学生传播更广泛的时代文化信息，文化娱乐活动对提高大学生审美情趣以及对科学文化的感受力、领悟力也有着不可替代的作用。

③服务师生——对象的独特性。青春广场文化作为福建商专校园文化的一部分，作为城市广场文化的一种特殊表现，一方面它要与社会经济、政治制度及社会主流文化相适应；另一方面，作为有着特定区域、特定环境的校园广场文化，它的主体对象有别于其他文化建设的群体，文化素质高、知识层次高的广大师生是青春广场文化的创造者和传播者，是青春广场文化建设的主体，这种主体对象的独特性，决定了青春广场文化的先进性与高层次性。

从广大师生中来、到广大师生中去的青春广场文化，在师生参与文化建设的实践中不断汲取营养，在校园环境不断改造的过程中得以发展和升华，因此，青春广场文化不是一成不变的，是运动和发展的。青春广场文化通过师生创造性的实践，形成了各具特色、影响师生信念和追求的文化精神，从而达到教育师生、感化师生、服务师生，并进一步推动校园文化建设，成为校园文化建设重要的辐射源。

二、青春广场的美育作用

著名教育家苏霍姆林斯基曾说过，用环境、用学生创造的周围情景，用丰富的集体精神生活的一切东西进行教育，这是教育过程中一个微妙的领域。青春广场文化就是这样一个微妙的领域，它不以强制性手段使学生接受教育，而是通过师生自发的参与，在耳濡目染、潜移默化之中受到感染。青春广场文化作为一种环境文化，它的主要教育作用在于创造一种文化氛围，去感染、去陶冶师生。生活在福建商专贵安校区校园中，师生会在不知不觉中接受教育，潜滋暗长并内化成信念、觉悟、习惯，从而带上福商之烙印。青春广场文化的美育作用就凸显其重要性，青春广场的文化美育功能广泛且有层次性。美育功能最直接地作用于受教育者，故美育功能的基础层面（第一层面）在个体，体现为促进个体感性生命的成长，即在满足其情感生活需要的同时，开发和发展其审美的需要、能力和意识；美育功能的第二层面在群体方面，集中在人与人的关系，体现为促进人际关系的美化；美育功能的第三个层面在更广泛的文化方面，体现为具有审美欣赏和创造能力的人们创造审美文化并使之渗透到文化的其他方面。

①哺育个体成长的文化园地。青春广场文化对生活在其中的师生具有陶冶性情或净化心灵的美育功能。通过青春广场文化的审美活动，师生的情感在释放

的同时被导向情感的升华。但情感的升华并非自然达成，而是在美育过程中通过有组织、有计划、有针对性地引导和帮助实现的。引进适合个性发展水平的优秀艺术品和自然景观，开展系列文化艺术活动，可以提高师生欣赏与鉴别的能力，提高审美需要和审美意识水平，促进其感性的自我提升，这种提升正是在超越生理自我和心理自我的过程中实现。同时，青春广场文化美育功能的实现就在于中介性。如果德、智、体是发展人相对独立的本质力量，则青春广场文化所发挥的美育功能是通过感性自我的培养，使这些力量处于协调平衡的状态。它一方面促进师生个体审美方面的发展，促进个体人格全面发展的实现；另一方面通过中介性的感性自我的发展，使师生个体的肉体与精神之间、心理功能之间处于协调状态。由此，可见青春广场文化美育功能的独特性，其在开发和发展个体某一方面潜能的同时也具有促进个体全面发展的功能。

②协调群体心理的文化空间。心理协调是通过行动目标的凝聚作用，使群体成员在心理上萌发一体感的群体意识。这是一种胶黏剂的心理作用，会引导每个成员认识到自己的重要，体会到自己的工作是实现整个组织目标中不可缺少的组织部分，从而增强自身的责任感，增强为组织目标而努力的自觉性，同时也逐步形成了群体成员对所依从组织的强烈的向心力。群体意识越强，组织凝聚力越强，反之则弱。组织内聚力越高，群体成员就会越自觉地保持行动一致，组织的整合性也就越强，组织对成员的吸引力也就越牢；在青春广场这个文化空间中，师生是独立的个体，他们相互密切配合才奏响了青春的乐章，推出了精彩纷呈的文化活动。个体成员在尊重自己的同时，也得到别人尊重。这正是师生间、生生间情感融合和心理协调在认知上的条件。

③升华文娱活动的文化平台。青春广场文化的美育功能是高校师生心理文化建设的一条捷径，它的文化功能主要在于促进审美文化的发展与全面渗透。审美文化是心理文化的基本组成部分，它包括人对世界之间审美关系中形成的一切审美因素，主要体现为主体方面的审美需要、情感、意识和理论，客体方面的艺术作品、文化艺术活动和整个对象世界中的审美要素。作为心理文化，审美文化具有情感性，它是主体的感性生命及其表现形态，是非压抑性的文化，是个体的感性生命与理性相协调的关系中得到自由伸展和健康成长的过程与产物。因此，青春广场文化的美育功能对促进心理文化与技术文化的协调和促进人与自然和谐关系的建立有积极作用。

三、青春广场的功能拓展

①根本保证——健全机构，科学管理。在校党委的领导下，坚持以"生动活泼、健康向上，管理疏导、调控有序"为指导方针，成立青春广场管理团队，形成以共青团系统为主导，宣传、教务、基建、保卫等部门共同参与、积极配合的

有效工作体制，坚持校团委对校、系学生会以及各学生社团的具体指导和管理，制定或完善青春广场文化建设的一系列规章制度和管理办法，形成强大合力。校党委工作部、校学工部（处）、校团委、教务处、基建处、保卫处等部门共同组成校园文化广场活动管理机构，齐抓共管，是青春广场文化育人有序运行的根本保证。

②重要环节——系统规划，合理设置。在青春广场规划方面，要着重规划广场及四周建筑，在凸显学校发展历史、办学理念、办学风格等学校精神和人文内涵基础上，确保广场各项育人功能正常发挥。在育人活动项目的设置上，科学合理，发挥青春广场之功用，契合青年学生之兴趣点，兼顾活动项目的全面，雅俗共赏，动静结合，提高直观性、互动性、趣味性和实践性，增强青年学生对活动项目的参与度。二者在宏观与微观层面上的合理安排是青春广场文化育人的重要环节。

③核心内容——文化育人，活动多元。以大学生素质拓展为导向，充分发挥青春广场的文化美育作用，重视建设学生第二课堂文化教育阵地，按照"思想教育与道德素养、社会实践与志愿服务、学术科技与创新创业、文体艺术与身心发展、社团活动与社会工作、技能培训与其他"等六个方面，开展综合性的素质教育，提高学生的整体素质，构建丰富多彩的大学生文化素质教育阵地；以学生社团活动为主体，充分发挥青春广场的文化美育作用，不断开辟校园内的科技文化艺术活动基地，全面提高大学生综合素质；以实践能力为中心，开展校内课外实践活动，提高青春广场文化的层次和内涵。

综上，青春广场文化作为校园文化的新资源、新时尚，其有效开发与充分利用有助于塑造学校文化品格，开掘学校文化的文化个性，提升学校的文化品位，开创学校文化建设的新渠道、新方式；同时，也有利于形成良好的审美文化生态，强化对师生审美意识与文化人格的培养。

三十五、福商广场

张雄伟 摄

闽商摇篮

◎ 黄跃舟

广场新竣，美哉斯也。铺筑精工，天然生巧；嵌华章于四合，看珠玑盈目；立巨塑于中央，志世纪精彩；举头桃李缀珠，俯视心湖曼妙。方圆其间，纳万千气象；灵脉其地，映造化祥和。

榕峤苍苍，闽水泱泱。吾校之风，山高水长。明德为宗，不忘爱国根本；诚信为教，谨当世代相传；勤敏耕耘，更重自强不息。百年办学厚积淀，特色鲜明遐迩闻；"三手一口"重应用，"三不断线"强基础；品行教育提素养，掖教奖学人为本。福商校园，育才万千；求知卓识，格物致知。室雅何须大，笔墨纸砚俱称宝；花香不在多，梅兰竹菊足堪夸。孜孜园丁，烛照八闽才俊；莘莘学子，萤燃福商之光；有教无类师黾勉，春风化雨生欢愉。

看今朝：质量立校，创新强学；瞻未来："六位一体"，战略宏迈；赞吾校：与时俱进，跨越发展。

闽商摇篮 季学琴

榕荫孕闽商摇篮　广场谱世纪新篇

◎ 陈达颖

位于贵安校区桃李园畔的福商广场仿佛是连接心湖的桥梁，同时连接着教学实训大楼和图书馆，处于新校区的中心位置。高大挺拔的榕树、摇曳生姿的柳树、鲜妍娇美的桃树、硕果累累的李树围绕着"福商广场"；广场东西两侧矗立着"百福"与"百商"的"盛世福碗"，广场中央屹立着红色大漆的"三手一口"雕塑等富有丰富文化底蕴和寓意的标志性设计，这里就是"百年学府，闽商摇篮"之福地。

一、"吉祥古榕"：枝繁叶茂喻"福商"树人伟业

福商广场屹立的榕树寓意着"闽商摇篮"的枝繁叶茂。"十年树木，百年树人"，人们常用树木之长久比喻育人之重要。榕树是福州市树，因城市广布榕树，别称榕城。百年商专新校区内的"福商广场"榕树枝繁叶茂，师生与其朝夕相处、相互交融，榕树已深深融入商专师生眼中、心中。人们尊榕树为"树王"，认为榕树有灵气、有情感、能荫庇乡人，视榕树为吉祥、长寿的象征。逢节喝榕树水，以求长寿；用榕树水喷洒房间，以驱邪恶；求学、祈子、求财都向古榕树叩拜并挂红布条，以求吉祥如意；祝贺亲友婚喜礼物中放上一束榕枝，象征爱情万古长青，于是一地方的榕树成为一方风水的保护神，寓意着常青、平安、吉祥。榕树对商专人已不再是普通的树木，而是一种情怀、一种历史、一种文化现象、一种文化符号。

①榕树之"仁"的内涵是树人精神的体现。榕树高大挺拔，彬彬有礼，以儒家仁者的风度风貌，表述榕文化"仁"的含义。儒家的"仁"，既是"克己复礼为仁"的社会规范，又是"爱人，仁者安仁"的做人准则，榕树体现了"仁"的精神。榕树对环境从不苛求，哪怕只有一星半点土壤便会附着生长，以坚忍不拔的品性同环境抗争，它的枝干随插随活，甚至岩壁、驳岸、墙头，古朽树木空洞内也能萌发生长，岿然形成大树。在严酷的条件下为了稳定固守，榕树把自身血肉之驱同岩壁墙体咬合在一起，真正做到"饿其体肤、劳其筋骨、苦其心志"，只为根固大地、叶荫人间、广施仁德、付出爱心，这正是榕树仁者的风范和仁者对自然的普天之爱。榕树之"仁"正是百年商专育人精神的体现，一代代商专人以拳拳之心、灼灼之意，智者尽其身、勇者竭其力、仁者播其惠、信者效其忠，在历史的更迭中走上发展征程。

②榕树之"容"的意蕴是树人心怀的呈现。榕树的"榕"字既有榕树适应性强，容易成活的意思，还有树冠广大，有宽容、容纳的文化意蕴。《闽书》

谓"榕荫极广，以其能容，故名曰榕"。清初屈大均著的《广东新语》称："榕树干枝拂地，互相支持，高大茂密，望之如大厦，故称榕厦。"榕树的宽容、容纳基于驱体的庞大，大度而能容，容纳方大度；榕树的枝干会生出一条条气根束，临空垂下，这些气根束垂入地里，会生细根，成为榕树本身的支柱根，榕荫复地、遮盖人间，形成"独木成林"的景观。正是榕树高大挺拔、仁者的风度、坦然自若、银须飘飘，呈现出长者的"宽容"之姿。榕树之"容"正是百年商专育人情怀的体现，在栉风沐雨、筚路蓝缕的历史征程中，商专以"大肚能容"之情怀培育了十万学子活跃在社会各界，商专也因此被誉为"闽商摇篮"。

③榕树之"刚"的品格是树人品行的表现。榕树适应性极强，只要有立足之地就能顽强生长，不畏酷暑、不避严寒、耐贫瘠、斗劣境、自巍然。榕树是一种生命力极强的树种，任凭风吹雨打、电闪雷劈，总是巍然屹立，气节凛然；许多古榕树历经数百年风雨沧桑、虬枝百结、老干横斜，但依然枝繁叶茂、郁郁葱葱；随着岁月流逝、物竞天择，许多树种都被淘汰，而榕树依靠气根的萌生不断分叉，不断扩展空间，顽强地生存着，表达对绿色的执着和生命的自觉，此谓之威武不屈。明朝理学家黄道周著的《榕颂》，赞颂榕树具有不怕困难，甘于自立，而耻于随波逐流的性格；赞颂榕树拒腐防蚀之天性，巍然独立无所畏惧、效法天地正气的秉性，赞颂榕树有博大的胸怀、刚正不阿的气节。榕树之"刚"正是百年商专育人品行的表现。"自强不息"是商专的校训，自强不息、自力更生的刚健精神是中华民族的优良传统道德所崇尚的重要内容，也是百年商专致力弘扬的文化精神，正是这种精神指引着商专人立德树人、开拓前行。

二、"盛世福碗"：累累硕果喻"福商"百年征程

福商广场屹立的"盛世福碗"寓意着"闽商摇篮"的累累硕果。"福"字是中国最古老的汉字之一，至今已有三千多年的历史，代表福气、福运、幸福。福与祈福、祝福、幸福及一切美好的愿望息息相关，是祥瑞、美好等吉祥寓意的统称，是中华文化的根本与归宿。自古人类就有祈福、祝福、谋福、种福、盼福、崇福、惜福等传统，寄托了人们对幸福生活的无限向往及美好祝愿，具有广泛的心理认同基础，体现了中华民族对物质和精神文明的双重追求。

①"百福"寓意着幸福商专的追求目标。矗立在福商广场东侧的"福碗"书写着或篆书或隶书或金文或楷书或行书的百个福字。"福"字是中华最古老、吉祥、美好，最受欢迎，最具影响力且广泛使用的文字之一。福，从示部。从示部的汉字多与祭祀、神明、祈祷、企盼有关，从甲骨文上可以看出"福"字是"两手捧酒浇于祭台上"的会意字，是古代祭祀的形象写照。由此可见"福"最原始的含义是"向上天祈求"。《礼记》有曰："福者，百顺之名也。"也就是说，"福"有顺利、诸事如意的含义。《尚书·洪范》曰："五福：一曰寿，二曰

富，三曰康宁，四曰攸好德，五曰考终命。"韩非子曰："全寿富贵之谓福。"这是长寿加富贵的福观念。宋朝著名的文学家和政治家欧阳修在《纪德陈情上致政太傅杜相公》一诗中表达了他对福德看法："事国一心勤以瘁，还家五福寿而康。"由百个福构成的"盛世福碗"寓意着福建商专是有福之地、有福之校，如今学校正向着"幸福教育"的目标前行。

②"百商"寓意着商科招牌的办学宗旨。矗立在福商广场西侧的由百个"商"字构成的青石大碗，象征着"商专"的商科招牌。"商者，强也"，《史记》曰"商不出，则三宝绝"意味着"商"自古以来的重要性。福建商专自成立以来始终围绕"商"的特色办学。创立之初的福建官立商业学堂开辟了福建商科教育的先河，青年会书院成为福建最早的商科职业学校；20世纪40年代为适应当时民族工业的发展，学校开设商业科、会计科、银行科、运输科等与商业活动有关的专业；新中国成立后成为福建省商科学校的骨干，于1980年被国家教育部、商业部确定为"全国商业重点中专"；新时期以来，学校以财务会计、经济贸易、市场营销、工商管理等财经类专业为主，适度发展旅游、艺术传媒、电子信息、文化教育类专业，积极拓展现代服务业相关专业；围绕科学定位，加快专业改革，构建了国家级、省级、校级精品（重点）三级专业建设体系，设置了33个与"商"有关的专业更凸显了"商科"教育的比较优势，于2007年教育部高职高专人才培养水平评估获"优秀"，于2008年被确定为"福建省示范性高职高专院校"。福建商专今后将继续围绕着"商"科发展，着眼"大商业"，积极探索为地方经济和社会发展培养生产、建设、管理、服务第一线需要的高素质应用型人才的途径。

③"福商"寓意着人才培养的累累硕果。办学以来学校秉持"商"的传统，始终以开明的姿态担当着闽商"摇篮"培育的责任，不仅侧重学生商科知识的学习和应用，而且重视学生品德的培养和锤炼。在爱国爱民精神和西方办学新理念的影响下，历代历届商校毕业的学生或通过实践锻炼或通过继续深造，纷纷成为国家的栋梁、闽商的骨干和事业的中坚，校友中涌现出数以百计的专家、学者、革命志士、实业家等。校友中有世界著名鸟类学家、地理学家、中科院院士郑作新，生物学家、中科院院士唐仲璋，有革命志士卢懋榘、高力夫，有实业家、经济学家、专家、学者等。新时期以来商专新培养出数以万计的优秀学子，继续发扬了中国儒家传统文化中"谦逊、诚信"的待人处事之道，同时又借鉴了西方"开放、拓展"的精神，敢于拼搏、勇立潮头，成为新一代学子的佼佼者。近年来，更有许多校友新军突起、脱颖而出，成为财贸领域的竞争强手和海峡西岸经济建设的骨干力量。百年来福建商专弘扬"知行合一"的精神，强化"校企合作、实践育人、恭敬躬行"的办学特色，大力倡行"闽商文化"，为闽商精神的传承起了重要作用。

三、"三手一口": 学为时栋喻"福商"办学底蕴

福商广场站立的"三手一口"雕塑寓意着"闽商摇篮"的异彩纷呈。步入福商广场，可以看到红色大漆的雕塑，由三个立面的大型"手"雕塑构成的，立面的"手"上刻着大型镂空的算盘、一支正在书写的笔、一个正在演讲的麦克风。"手"在汉语字典的解释为技能、本领、擅长某种技术的人等含义，"三手一口"寓意着一手好字、一手好文章、一手好算盘和一口流利普通话，这也是百年商专始终坚持的人才培养方向。

①"三手一口"雕塑是福商学为时栋的标志。"三手一口"早在青年会书院办学期间就已提出，学校强调理论与实践教学并重，要求学生全面发展，其校徽由蓝色横条与一个红色倒三角组成，三个角分别代表"德、智、体"三个方面平衡发展，蓝色横条表示群体之意，整个图案象征只有具备德、智、体、群四种品格才是合格的学生；在"青商"时期，培养学生多方面实践能力。新中国成立后，福建省财政贸易学校明确提出了"三手一口"的基本要求，并倡行"精讲多练，少而精教学"方法，培养学生多方面素质，在当时的职业教育界影响甚大；进入新时期以来，学校构建省级、校级精品课程和校级优秀课程三级课程体系，注重行业标准的导入和职业技能鉴定要求的融入，以职业能力为推手，即"以就业为导向"科学确定人才培养目标，"以素质为核心，以能力为基础"认真剖析职业能力，形成能力本位的、与培养目标相适应的课程体系，实现"教学做"一体。同时为恢复"一手好字"的传统，学校开辟了"书天画地"园地，创造条件让学生举办个人小型书画展，做到"敏于行""游于艺"；为秉承"一手好算盘"技能，学校长期以来坚持开设珠算课，并进行珠算比赛；为发扬"一口流利普通话"，学校开设"演讲与口才"课程并与福州市语言委员会合作在学校进行普通话等级能力测试。通过这些方式方法，进一步弘扬了传统的"三手一口"，并使一代代学子"学为时栋"的成长路径越走越宽广。

②"三不断线"是福商行当示范的导向。"三不断线"即外语、计算机和计算技术的基础学习不间断。教学上，学校在继续坚持"三手一口"的基础上，强化"三不断线"，注重提高学生的综合素质，办学特色得到巩固和升华。早在青年会书院办学期间，学校就注重外语能力的培养，学生学习英语的风气浓厚，除英语课外还要学英文商函和英文销售，还自办了英文报纸，举办英语演讲比赛；抗战中"青商"仍坚持"学用相长"的办学理念，除学习英文、文法外还增加英文打字课程，专设打字室并配备十部打字机，培养对外财贸专才；"文革"后期学校复办，即提出"重三基、讲实践"；改革开放之后学校根据市场需要，科学地制定人才培养方案和教学大纲，大力建设校内外实训基地，提高实践课时占比，加强培养学生的专业基本技能、收集处理信息和外语应用等能力，取得良好

效果，毕业生们很快成为工作骨干。

③"三步定位"是福商与时俱进的目标。在新世纪教育改革的春风下，尤其是在全国教育工作会议精神指导下，学校尊重教育规律，夯实基础、优化结构、调整布局、提升内涵，根据《国家中长期教育改革和发展规划纲要（2010—2020年）》要求，探索出学校面向未来发展的"三步走"目标基本规划为：第一步拟通过巩固提升办学实力，在省级示范性院校的基础上，努力营造境界高尚、底蕴深厚、崇尚科学、追求真理的文化氛围，不断强化党风、政风、校风、教风、学风建设，积极发挥校园文化潜移默化的育人作用，争创"省级文明学校"；第二步将以百年商专积淀为依托，以国家级示范校目标为要求，"内强素质、外塑形象"，通过调整教育教学教研结构，理顺发展机制，站稳在全省高职高专发展中的"龙头"位置，为海西建设提供强有力的人才保证和智力支持；第三步是创造条件、加大力度，坚持走内涵式发展道路，全面提高教育质量，努力出名师、育英才、创一流，向全日制高等职业本科院校目标努力。

学校薪火相传，弦歌不断。福商广场弘扬着百年商专的精神，让时代骄子们感受其中积淀的丰富文化底蕴，体现时代的旋律，让这种如沐春风的人文情怀飘洒校园。

构建"有感觉"的福商"精神家园"

◎林 彬

　　构建人人向往的"精神家园"，是现代大学建设的崇高历史使命，对于一所有百年历史的职业大学来讲，其意义更是不言而喻。于是创作《福商校园文化读本》的命题自然而然地就摆在了大家的面前。因此，今天我们在步入《福商校园文化读本》创作话题前，我先用三句话概括百年商专的文化历程和建设"精神家园"的梦想旅程：

　　一是过往百年商专因商科特色而"声隆"。百年福商因黄乃裳先生倡导的学贯中西、兴办新学、教育兴国、办学治本的理念以及改革旧的教育制度、吸收世界各种文化优良成果以培养人才振兴中华的"福州青年会书院"而得名；因帝师陈宝琛主张的"文明新旧能相益，心理东西本自同"以及东西方新旧文化的互相包容、兼收并蓄的"福建官立商业学堂"而"开眼看世界"；因20世纪50年代的"青商""高商""市商""三商合一"使教学质量日益提高、办学力量日渐增强、社会影响愈来愈大，成为当时福建省中等专业学校的骨干；因20世纪80年代的"重三基、严要求、讲实践"被国家教育部、商业部确定为"全国商业重点中专"而蜚声全国；因20世纪90年代的锁定"商科"加快教改步伐、提升发展质量被国家教育部确认为"省部属重点大专"而"声隆"。

　　二是当下百年商专因文化涵养而"鹊起"。如今福建商专以现代大学人才培养、科学研究、服务社会、文化传承创新为己任建设校园文化，着力"文化创意"的打造，形成"商专样式"的文化涵养，即积淀文化"打底"，拓展历史文化、素养文化建设的路径；载体文化"打造"，拓广环境文化、设施文化建设的路径；专业文化"打头"，拓深学科文化、科研文化建设的路径；特色文化"打响"，拓展书香文化、闽商文化建设的路径；价值文化"打磨"，拓宽理念文化、理想文化建设的路径，凸显当代福商文化与众不同的文化素质和丰富多样的文化内涵，形成较具特色的校园文化空间和人文景观，并通过文化的传承，打造具有闽派教育特色的综合型、实用型、创新型的职业教育综合基地。

　　三是未来百年商专因文明化育而"厚重"。今后学校将继续秉承"爱国奉献、追求卓越"的传统，恪守"明德、诚信、勤敏、自强"的校训，弘扬"知

行合一"的校风，坚持"文理并重、文商交融"的学术风格，提倡传统文化的"恭、宽、信、敏、惠"的五种基本做人品德，弘扬"不二过""不持有""历史自觉"的理念，培养学生"讲究做人、学会做事"的能力，强化"校企合作、实践育人、恭敬躬行"的办学特色，在推进文明建设道路上，使当代大学所应具有的"硬实力、软实力、巧实力、隐实力"等校力建设通过大学功能的践履，不断将大学理念、精神、文化与时俱进地发扬光大，使百年福商因文明而有形、因文化而有味、因文雅而有韵，将百年商专真正塑就成因文明化育而"厚重"的教育圣地和精神殿堂。

就当下建设校园文化、打造令人向往的"精神家园"而言，我们正通过全力打造"三个三万"的文化载体，使百年商专的文化历程更加丰富多彩、文明建设更加多元多效、精神家园更加璀璨耀眼。近些年来，我们结合新校区建设，坚持"以时间换取空间、以文化换取文明、以小概念换取大理念"，打造形成了环境文化、配套文化、实训文化"三位一体"的文化场景和承载"精神家园"的综合平台：一是"三万平方米的环境文化"，如心湖与围绕在心湖周围的桃李园、时令广场、太极广场、健身广场、五福广场、书香广场、福商广场、青春广场等，将山川的秀丽灵动与百年老校的厚重历史底蕴相结合，使广大师生在环境优美、书香浓郁的"闽浙孔道"福山福地内焕发勃勃生机；二是"三万平方米的配套文化"，如校史馆、专业馆、廉政馆、艺术馆、中医馆、校友馆、学刊馆、晚习馆、荣誉馆等巧妙地运用了架空层的布局，配套设计了涵盖大学人才培养、科学研究、服务社会、文化传承创新四大功能的场馆，使广大学生在学习知识的同时得到了美的熏陶，涵养了综合素质；三是"三万平方米的实训文化"，目前正在加大力度规划和建设的诸如会计情景模拟实训室、主题宴会设计实训室、跨专业综合模拟实训中心、翻译实训室、福商艺苑实训基地、金融保险实训室、中兴通讯电信实训室、非线性编辑实训室等，实现政校企合作共建实训室，让学生在实践中锻炼才干，实现应用型大学的职业性，彰显"闽商摇篮"的"商科"发展特色，从而形成大楼、大师、大爱的校园文化和令人向往的"精神家园"。

有了百年商专历史文化的深厚积淀，有了一代代商专人对校园文化的不懈探索，更有了广大师生对"精神家园"的向往追求，为此在《福商校园文化读本》应运而生之时，对如何构建"有感觉"的"精神家园"我谨用"七个感"与大家共勉砥砺：

一是以感性的姿态接受任务。"感性"是作用于人的感觉器官而产生的感觉、知觉和表象等直观认识。我相信，在《福商校园文化读本》创作过程中，大家都会先从感性上认识到这是一项重要的历史使命与崇高责任，意识到凡是能感动人的作品必然是真挚感情的迸发，创作中感情感性的生发包含着作者对生活、对艺术的真挚感受和思想融入，来源于作者的个人素质和修养，来源于作者对百年商专历史积淀的认同与自觉。为此，希望大家即使是在"感性"状态下接受这项具有历史使命感的光荣任务之后，能够通过对百年商专所有文化广场、场馆的直观认识，并进行认真解读，做到"阅百年名黉商校"，并从"青山嵯峨，引五凤翩翩来仪；潘溪澄澈，酿千祥栩栩骈臻。心湖画桥熏风，桃李增色；堤堰山间明月，书香沁脾。文昌朗照，应长庚而成象；皋比欢腾，喜学子之盈门"中选取创作的切入点，让解读文章有更美的视角、更深的内蕴，真正做到从"感性"状态进入、从"理性"状态提升。

二是以感受的心情进入状态。"感受"是以感觉为基础由客观外界事物的影响而产生的一种心理活动。在创作过程中，希望大家能用感受的心情去认识百年福商，不仅投入思想、投入感情，而且要投入物力、智力、精力；不仅到各个展馆、场所去感受百年商专历史积淀，而且应不惜时间与精力去翻阅大量的历史资料，只有通过多看、多听、多问、多想，从多方面、多角度了解百年商专的底蕴后，方能爆发出创作的灵感和创作的激情，方能创作出无愧于历史的解读文章。同时在创作前还希望大家可以先解读各个场馆的"题记"，如创作专业馆时可解读"专业撷英"："专业撷英者，萃吾校专业文化之精粹，藉百米长廊而展示焉。版块有八，色彩缤纷，乃八系专业之对应；模块分四，条理清晰，谓专业文化诸内容。理念之篇，凝练专业教育之思想；箴言之篇，精选专业文化之警句；知识之篇，介绍专业文化之历史；名师之篇，饱览专业名师之风采。"进而能从专业馆功能分区、师资特点等去解读、去感受其"视窗虽小，福地洞开；视角虽微，秀色毕备"的专业特点和文化特色，使自己用"感受"的心情进入创作状态。

三是以感触的笔调进入思考。"感触"是接触外界事物而引起的思想情绪，所谓"有所感触，恻怆心眼""因物感触，言在於此而意於彼"。在创作中希望通过增强大家对百年福商各文化场馆的感触后逐渐进入状态，唯此才对创作有一种强烈的期待，才能找到创作的乐趣与动力，找准"有所知"与"有所行"的创作形式与方向，继而根据不同的经验与感悟酝酿创作灵感，进而创作出好的作品。如解读"艺术馆"时只有通过对瓷器与漆艺总体的认识与感触，才能通过了解方知我们所建的"瓷韵漆意馆"是国内首创，感触到这里所展出的主要是由德化工艺美术大师设计创作的以老子、孔子、墨子、荀子等教育名家为题材的"百子瓷踪"，以及由商业美术系教师创作的选取中国十大历史名街为蓝本的"百街漆画"是多么的来之不易，才能生发出"艺术性乃瓷韵漆意馆的典雅之美、知识性乃瓷韵漆意馆的智慧之光、教育性乃瓷韵漆意馆的文化功能"的深刻认识，进而从更深的层面上进入文化解读的更高境界。

四是以感奋的状态谋篇布局。"感奋"是感动振奋的意思。在创作中需要有一种感奋的状态才能进行合乎结构逻辑的谋篇布局。文章的结构是部分与部分、部分与整体之间内在联系和外部形式的统一，是构思与表达和谐的外在表现；构成文章的各个局部应服从主旨表达的需要相互协调构成完美的整体，部分之间除了有内在的联系之外，还要有巧妙的外在组合，相互间不能彼此孤立，要以线索、时空、逻辑或主旨来组合、统率各部分材料使之浑然一体，体现整体的完美。如对"福商广场"的解读可以从布局上做文章，福商广场屹立的榕树就像寓意着"闽商摇篮"的枝繁叶茂；福商广场屹立的"盛世福碗"就像寓意着"闽商摇篮"的累累硕果；福商广场站立的"三手一口"雕塑就像寓意着"闽商摇篮"的异彩纷呈。"太极广场"同样也可从其文化构成上谋篇布局：太极广场蕴含的文化就如"石阵"一样厚重；太极广场蕴含的文化就如"汉画"一样悠久；太极广场蕴含的文化就如"红叶"一样风采。创作时大家只要能以此种感奋的状态进行文本的谋篇布局，就可使文章具有耐人寻味的文化感与历史感。

五是以感悟的睿智解读文化。"感悟"是人们对特定事物或经历所产生的感想与体会，是一种心理上的"妙觉"。感悟的表现形式不一，或渐悟或顿悟，或隐藏或彰显，高层次的感悟与自身的心境和心力有直接关系，正是不断的感悟才能使人们对人生、对事物以及对世界的看法发生改变。在创作中希望大家都能用深情的感悟解读百年福商的文化形态。如在"廉政馆"创作中希望作者能通过对"小品印语，形式别具；哲语格言，义理纷呈。崇廉尚德之渊薮，修身正心之圣境。翰墨飘香兮，愿藉清风拂一方净土；篆音传情兮，犹警钟鸣万里长空"的感悟，不断生发出"品廉结合，彰显廉政文化魅力；书画结合，展现廉政文化功力；动静结合，焕发廉政文化活力"的创作感悟，进而得出"把廉政教育与日常教学实践结合起来、把廉政文化建设与育人工作相结合，通过整合各种文化教育资源形成合力来加强育人工作，涤荡校园风气，净化校园环境"的主题抒发，让人读之为此感悟廉政文化所蕴含的深厚睿智。

六是以感知的心路挥就思想。"感知"是人们用心念来诠释自己器官所接收的信号。我们所感知的东西都是在自己心念作用下完成的，人之心念对刺激信号的解读与破译，并在内心产生各种的感觉，这一感觉的变化也就是人之心念对外在事物的一种主观反映。在创作中希望大家能从实地获得心路感知的源泉，获取灵感之所在。如在对"校训墙"的创作解读过程中，希望通过感知校训之灵魂、标尺、境界，"近现代中外大学皆视其为圭臬、蔚成大观。百年商专，秉明德、诚信、勤敏、自强之校训，循品行教育、素养育人之径途，涵化闽商摇篮，续谱世纪华章"的深层感知，从而挥就出"校训是一个学校历史斑驳的记忆；商专斑驳的墙体记载了斑驳的校训；历史的斑驳召引着斑驳的历史发展"的篇章思想。

七是以感同的境界成就文章。"感同"即"感同身受"，指心里很感激，就像自己亲身领受到一样。在创作过程中，希望大家都能做到感同身受地进行不同程度的史料挖掘和潜心思考，只有对艺术形式、表达方式达到深入推敲、反复构思，方能有对文本表现形式、主题、结构、用笔等方面的不断提炼，方能达到未来作品中以小见大、以情动人、以真感人的创作目的。如对"园丁苑"的文化解读如果能从"沙龙"的趣味、"园丁"的境界、"春泥"的化育来感同"温馨家园"之于福商教师的别样韵味，这种具有境界的文章一定会使观者如沐春风；"书法馆"如果能从书法内涵深厚、书家内力浑厚、书体内蕴醇厚等境界来解读，将会加深观者对书法馆之于百年福商历史文化建设促进意义的整体认识；再如"晚习馆"如果能从培育学习风气、养育自习习惯、绝育陋习恶习等方面体现场馆建设之于师生的教育意义，那么以上这些文化解读的文章不仅会妙笔生花，而且意境也会更加高远深厚。

总之，希望大家在创作中尽心、尽力、尽责，从不同角度、不同视野、不同背景来解读百年商专的所有展馆、场所，让《福商校园文化读本》成为经得起人们检验、经得起历史考验的独特"校园文化风景线"，成为独具特色的"校本教材"和"文化读本"，更成为构建大家"有感觉"的"精神家园"的良师益友和"心灵鸡汤"。